2006
2007

Office 办公
Furniture 家具

版权

图书在版编目(CIP)数据

中国室内建筑师品牌材料手册. 办公家具产品分册/中国建筑学会室内设计分会
《中国室内建筑师品牌材料手册》编委会编. — 北京：中国建筑工业出版社，2006
ISBN 7-112-07978-0

Ⅰ.中… Ⅱ.中… Ⅲ.①室内装饰－装饰材料－工业产品目录②办公室－家具－工业产品目录 Ⅳ.TU56-63

中国版本图书馆CIP数据核字(2005)第157677号

中国室内建筑师品牌材料手册
办公家具产品分册(2006~2007)
编纂：北京华标盛世信息咨询有限公司
　　　《中国室内建筑师品牌材料手册》编委会
出版发行：中国建筑工业出版社

专业顾问：饶良修／朱长岭／方海／薛益成
策划顾问：于冰
总策划：梁进
视觉总策划：季思九
主编：韩娟
编辑：岳俊／范宝经／岳建光
美术编辑：苏小洪／彭羚敏／李萌萌
美编助理：邵鹏
资料管理：马晓耘
市场推广：林宏／李天瑶
设计师推广：金雨／叶慧斌／孙文松
设计制作：华标视觉工作室

Manual of Qualified Brands for Interior Architects
Office Furniture Part (Vol.2006~2007)
Compiler: CN.STANDARD Information Inquiry Co.Ltd.
Editorial Committee of <Manual of Qualified Brands for Interior Architects>
Publisher: China Architecture & Building Press

Specialty Consultants: Rao Liangxiu / Zhu Changling / Fang Hai / Xue Yicheng
Planning Consultant: Yu Bing
General Director: Liang Jin
Vision Director: Ji Sijiu
Editor-in-chief: Han Juan
Editor: Yue Jun / Fan Baojing / Yue Jianguang
Art Editor: Su Xiaohong / Peng Lingmin / Li Mengmeng
Assistant Art Editor: Shao Peng
Information Manager: Ma Xiaoyun
Marketing Director: Lin Hong / Li Tianyao
Popularize for Designers: Jin Yu / Ye Huibin / Sun Wensong
Design: CN.STANDARD Vision Design Studio

编委会地址：北京市丰台区右安门东滨河路4号505室
邮编：100069
电话：010-83549859　83549909
传真：010-83546712
E-mail:cn.standard@vip.163.com
网址：www.cnstandard.com.cn
出版社地址：北京市百万庄中国建筑工业出版社
邮编：100037
印刷：利丰雅高印刷(深圳)有限公司
开本：889×1194(毫米) 1/16
印张：18.5
印数：1~10000册
书号：ISBN 7-112-07978-0
　　　　(13931)
定价：220.00元

Add: Room 505, No.4, Dongbinhe RD, Youanmen, Fengtai District, Beijing
Post Code: 100069
Tel: 010-83549859　83549909
Fax: 010-83546712
E-mail: cn.standard@vip.163.com
http://www.cnstandard.com.cn
Add: China Architecture & Building Press ,Baiwanzhuang , Beijing
Post Code: 100037

Printed by LEEFUNG-ASCO Printers(Shenzhen) Co.Lted
Sized: 889×1194(mm) 1/16
Total Pages: 296 Pages
Issued Copies: 1~10000 Copies

本书所有版面，未经许可不得翻译、翻印、转登、转载
All copy rights reserved. Any kind of translation, copying, quoting is illegal if without authorizing from the editorial committee.

目录 CONTENTS

INDEX (6~34) / 索引 (6~34)

- Brand Index ...... 6 / 品牌索引 6
- Classification Index ...... 26 / 产品分类索引 26
- Keywords Index ...... 29 / 关键词索引 29
- Price Index ...... 30 / 价格索引 30
- Material Index ...... 32 / 材质索引 32
- Manufacture Index ...... 34 / 厂商索引 34

ESSAYS (35~65) / 文章 (35~65)

- Developing and New Trends of Office Furniture ...... 36 / 办公家具的演进与趋势 36
- From the Past to the Future ...... 48 / 过去到未来 48
- Office Redefined ...... 54 / 重新定义办公室 54
- A Look on World Famous Designers ...... 62 / 国际知名设计师 62

PRODUCT EXHIBITION (68~277) / 办公家具产品展示 (68~277)

APPENDIX / 附录

- Office Furniture and Interior Arrangement (2~7) / 办公家具与室内布置 (2~7)
- Office Furniture and Human Engineering (8~13) / 办公家具与人体工程学 (8~13)
- Addresses (14~15) / 通讯录 (14~15)

前言
PREFACE

　　室内建筑师从事着对技术性和创造力都要求很高的工作，通常是要把一个模糊的理念或简单的设想演变成一个真正可执行的设计方案。这不仅要通过空间布置来实现设计思想，还要通过对各种材料的选择保证设计方案能够实现，建筑材料的选择对室内建筑师来说是一项重要的工作内容。

　　为了在材料选择上给建筑师提供更多的帮助，建立起一个材料信息收集、整理、沟通的平台，我们编纂了这套《中国室内建筑师品牌材料手册》。之所以要用"品牌"作为编纂线索，是因为当今是一个品牌意识强烈的时代，也是建筑师在选材过程中重要的信息依据。我们希望通过我们拥有的资源和能力，帮助建筑师做好信息服务的工作，并以此逐步建立起一个标准化的信息收集、整理、查询、沟通与交流的方式和平台。

　　《手册》主要是围绕室内建筑师最经常使用的各种材料，根据一般选材和使用习惯进行分类，同时结合了企业的产品特征和生产情况，分类按年刊的方式出版发行。

　　《手册》以学术及信息资料方式及时派发给学会的室内建筑师和其它相关的使用者们，定期编纂、定期更新，希望能够帮助他们更好的选择品牌产品，同时让厂商更直接地把产品信息送到建筑师手中，起到真正有效的自我推荐作用。《手册》在编辑过程中力求工具书的严谨、真实性，并尽量把不同风格不同种类的产品素材按统一的信息元素编辑，提高室内建筑师的使用效率以及信息的实用性。

　　编委会所进行的《手册》的编纂与技术光盘的制作等工作，没有学会领导和专家的鼎力支持，没有国内广大建筑师给予的关注和意见，没有建材厂商们的支持与信任，是不可能成功的。我们期望并相信，《手册》的探索，必将把中国室内建筑之路带入新的里程。

　　Interior design asks highly ability both of creative and technical for designers. Generally it is to conduct an ambiguous or simple idea into a practicable design result. To realize a design theme need both space arrangement and material selection, thus selecting construction and decoration material becomes an important work for interior architects.

　　In order to help designers more on material selecting and establish a platform for information collection, integrating, exchanging, we edit and publish this series of Manual of Qualified Brands for Interior Architects. The reason why we select "brands"as our editing direction is that we are living in a society with strong sense toward brands, and, brands always are important clew for designers to select materials. We hope that we can provide helpful information service for designers through our efforts and resources then establish a platform for information collecting, arranging, searching, exchanging and so on.

　　This series of manuals, published in the form of yearbooks, sorts materials according to general sorting ways and using frequency of designers. At the same time, it also takes products characteristics and production of enterprises into consideration.

　　This series of manuals will be distributed interior architects and other relevant users in the form of academy and information material. Volumes of this series will be edited and renewed timely in order to help designers select better brands for their work and manufactures deliver information of their products to designers in time. As to the editorial work of this series, we asked it to be as strict as glossary, try to integrate information of different sorts and styles into a unified manner so as to promote this series' practicality.

　　Without help from leaders and experts, attention and ideas from national architects, support and trust of material manufacturers, the editorial board will never succeed in editing the Manual and making the Disc. We expect, and we believe that the route of exploration of the Manual will lay a new milestone on the way of development of China's interior construction.

声明
STATEMENT

All the pictures of products in this book are all provided by the manufacturers and for reference only. In case of application, please refer to the actual products.

The product charts, specification charts, line management charts and the relative data and illustration in this book are provided by the manufacturers. They are just for reference.

All the information about the products (including the names of product series, the product serial numbers, category, specification, materials, colors, reference price, product function description and other illustrative words and information) is completely provided by the manufacturers.This book classified and compiled the products information and description provided by the manufacturers and is for reference only.

The product prices in this book are provided by the manufacturers before the January of 2006 and are for reference only. Please directly consult the manufacturers for the transaction price.

All information in this book about the manufacturers (including contact ways, simple introduction, sample construction, quality certification and executive standard) is all provided by the manufacturers and appears in the information bar of each brand and the fixed positions on the last page of products exhibition for the users to check information conveniently.

All the information is provided by the manufacturers before the January of 2006. The manufacturers reserved the right to make adjustments and changes without prior notice.

Thanks to all the manufacturers for their great support!

本书所有产品图片均由厂商提供，仅供参考，选用时请以实际产品为准。

本书中所有产品功能说明图、规格尺寸图、线路管理图及相关数据、说明文字等均由厂商提供，仅供参考。

本书中所有产品信息（包括产品系列名称、产品编号、品类、规格、材质、颜色、参考价格、功能说明及其他说明文字信息）均由厂商提供，本书对厂商提供的产品信息和说明进行了整理和编辑，仅供参考。

本书中产品的价格为厂家于2006年1月前提供，仅供参考，成交价格请直接咨询厂商。

本书中各项厂商信息（包括厂商的各种联系方式、简介、代表工程信息、质量认证和执行标准信息等）均由各厂商提供，出现在各品牌的信息栏及产品展示最后一页的固定位置上，以便查询。

本书所有信息资料提供截止日期为2006年1月，厂商如有调整和变动，恕不另行通知。

在此感谢所有厂商的大力支持。

索引 品牌索引 | 品牌索引排序说明:品牌索引依照英文字母顺序排序,以品牌LOGO中名称的第一个英文字母(左上起)为准,如遇中文,以中文拼音的第一个字母为准。

BRAND INDEX

P68	P78	P94	P102	P106

P110	P118	P126	P134	P150

P160	P166	P180	P184	P190
				paustian

P196

P202

P216

P228

P236

P240

P250

P256

P260

P266

AbakEnvironments.™
A world in which a team can work as one.

www.hermanmiller.com/asia

Effective teamwork means bringing together individual strengths to form an efficient, flexible unit. That way, the whole is greater than the sum of its parts.
The same principle applies to **Abak**Environments. Its simple programme of intelligent core components, which are manufactured worldwide, can be used to construct a full range of workplace settings. Whatever the configuration, **Abak**Environments furniture supports teamwork at all levels, and allows people and technology to work together in harmony. What's more, the versatility of the platform means that it complies with cultural requirements and local standards throughout the world.
For further details of **Abak**Environments visit www.hermanmiller.com/asia.

迎接无线世代
"Ares" 开创 Ubiquitous 资讯空间新愿景！
全方位满足您的沟通需求，伴您驰骋商海！

SHANGHAI
上海市普陀区曹杨路147号
No.147, Cao Yang Rd., Pu Tuo District, Shanghai, China
Tel: 86-21-5235 2366
Fax: 86-21-5235 2500

FACTORY
上海市嘉定区申裕路399弄123号
No.123, Alley 399, Shen Yu Rd., Jia Ding District, Shanghai, China
Tel: 86-21-5990 0290

TAIPEI
台北市南港区三重路19-3号1楼D栋
D Building, 1F., No.19-3, San Chong Rd., Nan Kang District, Taipei, Taiwan
Tel: 886 2 5582 9168

艾锐办公环境"全方位整合服务蓝图"包含：

家具设备创新 / Equipment Solution

空间设计规划 / Workspace Solution

数位科技整合 / E-Communication Solution

这三个服务领域涵盖了工作场所的绝大部分需求，更是国内首创的办公环境「家具-空间-信息」全面解决方案（**Total Solution**）。

Bring *future* into office.

Ares 上海艾锐斯办公家具有限公司
ARES OFFICE (SHANGHAI) CO., LTD.

http://www.aresoffice.com

优格的使命

以环保为基础、以人性为诉求，

提供人类健康、安全、舒适的空间与环境，

建立属于中国人的隔间品牌。

为室内设计师打造的魔术方块
A Magic Square for the indoor designers

YOUR GOOD Space

上海优格装潢有限公司
地址：上海市嘉定区浏翔公路3365号
邮编：201818
电话：021-59513669
传真：021-59513269
Http://www.yourgood.com
E-mail: ygcn@yourgood.com

USM模块式家具设计精细、完美，简约而不简单。它作为欧洲经典设计作品，已被纽约现代艺术博物馆收藏。USM模块式家具完全可以按照个人意愿随意组合，随着组合的改变其用途也可随之改变，也就形成了完全个性化的风格。USM模块式家具具有神奇力量，让你的家具千变万化，搭出各种形状，柜子更有多达11种颜色可供选择。热烈如火，蔚蓝如海，深沉稳重，纯洁纯净……每一处设计均由自己做主，每一处细节都显露你的与众不同和独具匠心。

Presentation
The visual quality of interior space is determined by the interaction of architecture and furnishings.
USM Modular Furniture creates harmony by means of modular structural shapes.
Ask for detailed documentation.

工程销售：上海境尚贸易有限公司　上海市长乐路801号华尔登广场402室　200031
电话：021-54043633/54047457　传真：021-54048974　E-mail：info@asia-view.com
专卖零售：上海市南京西路1266号恒隆广场413A　200040
电话：021-61201089　传真：021-61201089

USM U.Schärer Söhne AG, CH-3110 Münsingen
Phone +41 31 720 72 72, Fax +41 31 720 72 38, info@ch.usm.com, www.usm.com

kusch+co

德国 kusch+co 授权铭立家具制造销售

铭立(中国)有限公司
网址：www.matsu.cn
地址：上海市闵行经济技术开发区南沙路8号
电话：021-62780216
传真：021-62780217
E-mail:shanghai@matsu.cn

致辞

中国建筑学会室内设计分会名誉理事长：曾坚
Honorary President of China
Institute of Interior Design: **Zeng Jian**

三年来，《手册》已出版了《卫浴产品分册》、《墙地砖产品分册》和《住宅厨房设备分册》。现在《办公家具产品分册》终于和广大室内建筑师们见面了，《照明设备分册》也即将诞生。不同种类的《手册》陆续送到室内建筑师的手里，收到十分积极的反应，《手册》作为建材产品生产和消费单位的桥梁作用已经得到肯定。《手册》的编辑出版者面对每个分册的资料搜集、整理、筛选、订合同、直至编辑出版，都是浩瀚工程，但是他们的辛苦不是白费的，除了为制造商和室内设计师作了有益的服务以外，更重要的是他们正为建筑界填补一项空白——中国第一个建筑材料系列手册，这是我国建筑材料史上从未有过的创举。

For three years, the Manual had published Sanitary Ware Part, Tiles for Walling and Flooring Part and House Kitchen Equipment Part. The Office Furniture Part has been published now, and Lighting Equipment Part is to be published soon. Various kinds of manuals have been delivered to interior designers in succession and the feedbacks are active and inspiring. This new-born manual has been accepted as the communication bridge between the constructional materials production units and their consumption units. The material collection, management, filtration, contract signing, editing and publishing of each part are all grand projects for its editors and publishers. But their efforts will not be wasted. Besides the beneficial services provided for the manufacturers and interior designers, the more important thing is that they filled up a gap in the field of construction-they established the first constructional material series of manuals and this is the unique creation in the history of Chinese constructional materials.

SPEECH

With great efforts by the experts and editorial committee of this series, the Part of Office Furniture (Vol.2006~2007) will be presented for readers. CIID ask the editorial committee to accelerate the editing work in order to finish this series as soon as possible. Meanwhile, we emphasize that this series of manuals must satisfy the international standard of construction material information service as well. Because these manuals aims to serve interior designers with complex information of materials including not only information on papers but also digitalized one on CD-ROMs or internet therefore can be applied to designers' work.

We do believe that, with efforts from both CIID and material enterprises, this series of manuals will become helpful information platform of international standard.

在学会《手册》专家委员会和编委会的努力下,《办公家具产品分册(2006~2007)》就要与广大设计师见面了。学会要求编委会加快各专业分册的编制速度,尽早出齐相关门类的专业分册的同时,我们强调《中国室内建筑师品牌材料手册》是室内设计师的一个综合材料信息的专业平台,不仅要提供平面的材料信息,还要为设计师配套制作能在实际工作中直接应用的材料技术光盘,开通专门针对室内设计师使用的材料专业网站。所有这些都要达到符合国际水平的材料信息服务。

我们相信,在学会和企业的共同努力之下,《中国室内建筑师品牌材料手册》一定能成为国际水准的设计师服务平台。

中国建筑学会室内设计分会
副理事长兼秘书长:**周家斌**
Vice-president and Secretary General of China Institute of Interior Design: **Zhou Jiabin**

专家委员会

专家委员会主任：李书才
Directer of Expert Committee: Li Shucai

曾坚
中国资深室内建筑师
中国建筑学会室内设计分会名誉理事长

张世礼
清华美术学院教授
中国建筑学会室内设计分会理事长

李书才
北京建筑工程学院教授
中国建筑学会室内设计分会副理事长

劳智权
建设部设计院副总建筑师
中国建筑学会室内设计分会副理事长

饶良修
建设部设计院副总建筑师
中国建筑学会室内设计分会副理事长

王炜钰
中国资深室内建筑师
清华大学教授

张文忠
天津大学教授
中国建筑学会室内设计分会副理事长

来增祥
上海同济大学教授
中国建筑学会室内设计分会副理事长

安志峰
中国建筑西北设计研究院副总建筑师
中国建筑学会室内设计分会副理事长

史春珊
哈尔滨建筑工程学院教授
中国建筑学会室内设计分会副理事长

周家斌
北京现代应用科学院院长
中国建筑学会室内设计分会副理事长兼秘书长

吴家骅
深圳大学教授
《世界建筑导报》杂志主编
中国建筑学会室内设计分会副理事长

周燕珉
清华大学建筑学院副教授

赵虎
中国室内网CEO

王传顺
上海高级室内建筑师
中国建筑学会室内设计分会理事

叶铮
上海高级室内建筑师
中国建筑学会室内设计分会理事

温少安
广东佛山高级室内建筑师
中国建筑学会室内设计分会理事

谢剑洪
北京高级室内建筑师
中国建筑学会室内设计分会理事

陈耀光
杭州高级室内建筑师
中国建筑学会室内设计分会理事

王琼
苏州高级室内建筑师
中国建筑学会室内设计分会理事

姜峰
深圳高级室内建筑师
中国建筑学会室内设计分会理事

张强
天津高级室内建筑师
中国建筑学会室内设计分会理事

阚曙彬
天津高级室内建筑师
中国建筑学会室内设计分会理事

谢江
北京高级室内建筑师
中国建筑学会室内设计分会理事

林学明
广州资深高级室内建筑师
中国建筑学会室内设计分会理事

崔华峰
广州资深高级室内建筑师
中国建筑学会室内设计分会
广州专业委员会秘书长

EXPERT COMMITTEE

Zeng Jian
Chinese Senior Interior Architect
Honorary President of China Institute of Interior Design

Zhang Shili
Professor of Academy of Arts and Design, Tsinghua University
President of China Institute of Interior Design

Li Shucai
Professor of Beijing Institute of Civil Engineering and Architecture
Vice-president of China Institute of Interior Design

Lao Zhiquan
Vice-chief architect of China Architecture Design and Research Group
Vice-president of China Institute of Interior Design

Rao Liangxiu
Vice-chief architect of China Architecture Design and Research Group
Vice-president of China Institute of Interior Design

Wang Weiyu
Professor of Tsinghua University
Chinese Senior Interior Architect

Zhang Wenzhong
Professor of Tianjin University
Vice-president of China Institute of Interior Design

Lai Zengxiang
Professor of Tongji University
Vice-president of China Institute of Interior Design

An Zhifeng
Vice-chief Architect of China North-West Archetecture Design and Research Institution
Vice-president of China Institute of Interior Design

Shi Chunshan
Professor of Harbin Architecture Institute
Vice Board Chairman China Institute of Interior Design

Zhou Jiabin
President of Beijing Modern Applied Science Institute
Vice-president and Secretary General of China Institute of Interior Design

Wu Jiahua
Professor of Shenzhen University
Chief Editor of World Architecture Record
Vice-president of China Institute of Interior Design

Zhou Yanmin
Assistant-Professor of School of Architecture, Tsinghua University

Zhao Hu
CEO of China Interior Network

Wang Chuanshun
Superior Interior Designer in Shanghai
Director of China Institute of Interior Design

Ye Zheng
Superior Interior Designer in Shanghai
Director of China Institute of Interior Design

Wen Shao'an
Superior Interior Designer in Foshan
Director of China Institute of Interior Design

Xie Jianhong
Superior Interior Designer in Beijing
Director of China Institute of Interior Design

Chen Yaoguang
Superior Interior Designer in Hangzhou
Director of China Institute of Interior Design

Wang Qiong
Superior Interior Designer in Suzhou
Director of China Institute of Interior Design

Jiang Feng
Superior Interior Designer in Shenzhen
Director of China Institute of Interior Design

Zhang Qiang
Superior Interior Designer in Tianjin
Director of China Institute of Interior Design

Kan Shubin
Superior Interior Designer in Tianjin
Director of China Institute of Interior Design

Xie Jiang
Superior Interior Designer in Beijing
Director of China Institute of Interior Design

Lin Xueming
Senior Superior Interior Architect in Guangzhou
Director of China Institute of Interior Design

Cui Huafeng
Senior Superior Interior Architect in Guangzhou
Secretary General of Guangzhou Professional Committee of China Senior Interior Architect

编委会

编委会主任：梁进
Director of Editorial Committee: Liang Jin

《办公家具产品分册(2006~2007)》即将与广大室内建筑师见面了。

办公家具产品有自己独特的产品特征。我们希望通过我们的筛选和编辑，让这些产品更适合于设计师的选择和推荐，提高信息的使用效率和工作效率。

受产品特点和行业特征所限，各个企业的产品拍摄和工程图绘制水平存在着一定差异，对办公家具的分类和命名方式也各有不同，这对手册的视觉表现和产品信息的标准化造成了一定影响。正因如此，我们的工作除了能为设计师选择产品提供帮助外，对于办公家具行业的整体规范也有一定的现实意义。我们相信不久的将来当我们再次对办公家具产品进行编辑的时候，内容会更加完善，编辑制作水平也会达到新的高度！

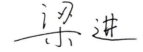

The Office Furniture Part (Vol.2006~2007) will be presented to interior designers.

Office Furniture are special construction materials with their own characteristics. We hope through our selecting and editing of information on these tiles, designers will be easier to choose and recommend them thus could work more efficiently.

Restricted by features of prducts and the industry, the quality of product pictures and engineering charts by different manufacturers varies from one another. Their categorizing ways of office furniture are also different. These have some impact on the visual expression and the standardization of product information. However, just for that reason, our work can contribute to both helping designers with selection of products and the overall standardization of office furniture. We believe that in the near future when we compile another edition for office furniture, we will reach a new level in terms of content and editing.

EDITORIAL COMMITTEE

《中国室内建筑师品牌材料手册》编委会
Editorial Committee

主任：
梁进

Director:
Liang Jin

委员：
梁进
林宏
季思九
韩娟
金雨
马晓耘
叶慧斌
张珂
李天瑶
杨咏嘉
李萌萌

Commissioner:
Liang Jin
Lin Hong
Ji Sijiu
Han Juan
Jin Yu
Ma Xiaoyun
Ye Huibin
Zhang Ke
Li Tianyao
Yang Yongjia
Li Mengmeng

专业顾问：饶良修
资深室内建筑师，
对中国室内设计有着
深刻的理解和丰富的经验

Academy Consultant: Rao Liangxiu
Senior Interior Architect
Have deep understanding and abundant
experience in Chinese interior design

策划顾问：于冰
资深编辑，长期从事建筑专业书籍编撰工作

Academy Consultant: Yu Bing
Senior Editer
Has been working for compiling
on architecture for a long time

专业顾问：朱长岭
中国家具协会副理事长，
中国家具协会办公家具专业委员会主任

Academy Consultant: Zhu Changling
Vice- president of China National Furuture Association
Director of (Specialized)Office Furniture Committee in
China National Furuture Association

专业顾问：方海
建筑师，艺术博士，教授，
多年从事家具设计研究

Academy Consultant: Fang Hai
Architect
Doctor of Art
Has been engaging in furniture design
research for many years

专业顾问：薛益成
资深业内人士，二十多年从事
组合隔间产品研发与办公空间行业整合工作

Academy Consultant: Xue Yicheng
The public figure in the partition area
Has been engaging in the combination of R&D the
partition system and in the conformity of work space
industry for twenty years.

产品分类索引
CLASSIFICATION INDEX

坐标式索引：横坐标为产品分类，纵坐标为品牌名称，数字为相应产品所在页码。

产品分类 页码 品牌名称	桌类产品							
	办公类			会议类		接待类		
	班桌(台)	主管桌	职员桌	会议桌(台)	培训桌	接待台	会客、休闲桌、吧台	茶几
十美								
艾锐		84、89~90	85	89		81	80	
震旦	96	98~99		97		99		
阿旺特			105	105	105		105	
飞灵			108				107~108	
美欣	111、115		113	111、113、115				
赫曼米勒								
国靖								
国誉		138~139	136~137、147	140				
凌诺	151~155			153			152	
华润励致	161	163		162~163				
铭立		167						
春光名美	183	182		182~183				
冈村			186、188					
博森			190~191	193			193	193
奇耐特长城								
兆生	202~203		204~207	208~209				203
诚丰	217			219			207	
三久	232			233				
圣奥	236~238			237、239			237	
优比	243~245		242					
境尚		254~255		254~255				
韦卓	256	257		259				
百利文仪		264~265		264				
优格								

产品分类	椅类产品							系统产品	
页码	座椅			沙发	排椅			高隔间	屏风工作站
品牌名称	办公座椅	培训座椅	会客、休闲座椅	沙发	礼堂椅	剧场椅	等候椅	高隔间	屏风工作站
十美	69~71、73~75		69~70、77						
艾锐	88、91		87	87			91	79	82~83、85~86
震旦	100			101					95
阿旺特	103~104	103~105	102~103、105		104~105	104	105		
飞灵	107、109		107、109	106~107					
美欣	116~117			116					110
赫曼米勒	119~122	123	123						124~125
国靖	127、129、131~132			133			132		
国誉	143~145	141		139					135
凌诺	158			159					156~157
华润励致	164								160
铭立	168~169	170~171					170	176~179	172~173
春光名美									180~181
冈村	189								185、189
博森			195	194~195					
奇耐特长城					199	197、201			
兆生	213~215			203					210~211
诚丰	225			226~227					220~223
三久							235		230~231
圣奥									
优比	248			249					240~241
境尚									
韦卓									258
百利文仪									260~263
优格								266~276	

产品分类索引
CLASSIFICATION INDEX

坐标式索引:横坐标为产品分类,纵坐标为品牌名称,数字为相应产品所在页码。

产品分类	柜类产品						专用功能柜		其他产品					
	储藏柜								专业培训设备				专业办公照明设备
品牌名称 \ 页码	卷门柜	抽屉式柜	开门式柜	组合式柜	开放式柜	陈列柜	投影机柜	讲台	折叠台	钉板	电脑推车	灯具
十美												
艾锐			91	91~92								
震旦												
阿旺特												
飞灵												
美欣												
赫曼米勒												
国靖												
国誉		148~149	148~149		148~149							
凌诺				152								
华润励致	165											
铭立								171	171	171	171	175
春光名美												
冈村				187								
博森				192	192							
奇耐特长城												
兆生				202~203			209	209				
诚丰												
三久	229	229	229			229						
圣奥												
优比				246~247								
境尚				251~253		253		254				
韦卓		257、259		256								
百利文仪												
优格												

本书中选出2个关键词,以厂商提供的资料为依据进行索引,仅供参考,选用时请以实际产品为准。

关键词索引
KEYWORDS INDEX

品牌名称 \ 页码 关键词	人体工程学	环保材料
十美	74、76~77	
艾锐	88、91	
阿旺特	102~105	
赫曼米勒	119、121~122	119、121~123
国靖	127、131	
国誉	143	137
华润励致	164	160~165
铭立	172~173	172~173
博森	190~191	
兆生	212~215	202~215
诚丰	218~219、224~225	216~226
三久	234~235	
圣奥		236~237
韦卓		256~259
优格		266~277

价格索引 PRICE INDEX

价格索引中的基本价位依照本书中出现的产品价格分布的集中程度来划分；索引页码只显示该品牌符合相应价格的产品所在页码；产品参考价格以本书中出现的相应价格为准，未提供参考价格的品牌不在本索引中出现。

品牌名称 \ 基本价位 页码	办公桌类													
	班桌(台)					主管桌				职员桌				
	9000以下	9001~10000	10001~20000	20001~30000	30000以上	3001~4000	4001~5000	5001~6000	10000以上	3000以下	3001~4000	4001~5000	6001~10000	10000以上
艾锐/78							84		89	85				
震旦/94			96			98	99	99						
阿旺特/102											105			
飞灵/106													108	
美欣/110	111		115	115									113	
国誉/134										147	137、147		137	137
凌诺/150	151~153				154~155									
冈村/184														
博森/190													191	190
诚丰/216		217	217											
圣奥/236			238		236~237									
优比/240		245	244~245	243										242
境尚/250									254~255					
韦卓/256			256					257						
百利文仪/260						265	265		264					

品牌名称 \ 基本价位 页码	会议桌类										接待桌类			
	会议桌(台)										培训桌	会客、休闲桌			
	1000以下	3001~4000	4001~5000	5001~6000	6001~7000	7001~8000	8001~9000	10001~20000	20001~30000	30000~40000	200000以上	3001~4000	1001~2000	3001~4000	4001~5000	5001~6000
艾锐/78				89						89					
震旦/94								97	97						
阿旺特/102		105										105		105	
飞灵/106													107		108
美欣/110								111、113、115	115						
国誉/134		140	140	140	140	140		140							
凌诺/150							153					152			
冈村/184															
博森/190				193	193		193								193
诚丰/216	219						219								
圣奥/236								237	239				237		
优比/240															
境尚/250								255	254						
韦卓/256					259										
百利文仪/260										264					

	座椅类												
基本价位	办公座椅							培训座椅		会客、休闲座椅			
页码	2000以下	2001~3000	3001~4000	4001~5000	5001~6000	6001~10000	10001~20000	1000以下	1001~4000	1000以下	1001~2000	2001~4000	5001~7000	10001~30000
品牌名称														
十美/68	71、73~75	70~71	70~71、74						77					
艾锐/78		88		88	88								87	
震旦/94	100													
阿旺特/102	103		104					103	103~104	103、105	103			102
飞灵/106				107、109						109	109	107、109	109	
美欣/110	116~117	117		117	117									
赫曼米勒/118		123	123	119、122	119、122	121~122	120		123		123			
国靖/126	127、129、131~132	127、129、131	131~132	127	127									
国誉/134	145	144	144~145	144	144	143	143	141	141					
凌诺/150	158	158	158											
铭立/166	169	169		169	168	168~169	168	170	170~171	170	170			
冈村/184	189	189		189										
博森/190										195				
诚丰/216		225	225		225									
优比/240	248	248		248										

	沙发								排椅类			
基本价位	沙发								礼堂椅		剧场椅	等候椅	
页码	1001~2000	2001~3000	3001~4000	4001~5000	5001~6000	6001~7000	7001~8000	8001~9000	10000以上	1000以下	3001~4000	1001~2000	2001~4000	10000以上
品牌名称														
十美/68														
艾锐/78	87				87	87			87					
震旦/94	101													
阿旺特/102										105	104	104	105	
飞灵/106		106~107	106~107	106			107							
美欣/110	116													
赫曼米勒/118														
国靖/126	133	133	133											132
国誉/134														
凌诺/150			159		159									
铭立/166													170	
冈村/184														
博森/190		195	194~195		194		194							
诚丰/216		226~227		226~227	227	226~227			226					
优比/240	249	249	249											

材质索引 | MATERIAL INDEX

索引主要针对办公家具产品种类较为集中的桌类产品和椅类产品两大类别,索引页码显示该品牌符合相应主要材质的产品所在页码,所有产品材质信息以厂商提供资料为准。

材质分类 页码 品牌名称	办公桌类									会议桌类			
	班桌(台)		主管桌				职员桌				会议桌(台)			培训桌
	实木	板材	实木	板材	玻璃	大理石	实木	板材	玻璃	金属	实木	板材	玻璃	板材
艾锐			89~90	84	84			85	85		89	89	89	
震旦	96			99	98						97			
阿旺特								105				105		105
飞灵								108						
美欣	115	111						113				111	111、113~115	
国誉				138~139				136~137		147		140		
凌诺	151~155										153			
华润励致		161		163								162~163		
铭立				167										
春光名美	183			182							183	182		
冈村								186、188						
博森								190~191			193	193		
兆生	202~203							204~207			208~209			
诚丰		217									219			
三久				232							233	233		
圣奥	236~238										237、239			
优比		243~245					242							
境尚				255		254					255		254	
韦卓		256		257							259			
百利文仪				264	265							264		

材质分类 页码 品牌名称	接待类			座椅类										
	会客、休闲桌、吧台			办公座椅					培训座椅			会客、休闲座椅			
	实木	板材	玻璃	皮	布	网布	塑胶	皮	布	塑胶	板材	皮	布	塑胶	实木	板材
十美				70~71、74	69~70、73~75		75						69~70		77	
艾锐	80				88	91	88								87	
震旦						100										
阿旺特			105	103~104	104			104	103~105			102	103、105			
飞灵		107~108		107、109								107、109	109			109
美欣				117	116~117											
赫曼米勒				120		120										
国靖				127、131~132	131、132			127、129								
国誉				143、145	143~145	145			141	141						
凌诺	152				158	158										
华润励致					164											
铭立				168~169	168~169					171	170					
冈村				189	189											
博森	193	193										195		195		
奇耐特长城																
兆生		207		213~215	213~215											
诚丰				225												
三久																
圣奥	237															
优比				248	248	248										

页码 \ 材质分类 \ 品牌名称	沙发		排椅类											
	沙发		礼堂椅				剧场椅				等候椅			
	皮	布	皮	布	塑胶	板材	皮	布	实木	板材	皮	布	塑胶	板材
艾锐		87											91	
震旦	101	101												
阿旺特			104	104~105			104	104			105	105		
飞灵	106~107													
美欣		116												
国靖	133											132		
国誉	139													
凌诺	159	159												
铭立													170	
博森		194~195												
奇耐特长城			199	199	199		197、201	197	197、201					
兆生	203													
诚丰	226~227	226												
三久											235	235		
优比		249												

页码 \ 材质分类 \ 品牌名称	屏风工作站类					储藏柜类								
	屏风工作站					卷门柜	抽屉式柜		开门式柜		组合式柜			开放式柜
	板材	玻璃	布	烤漆	金属	金属	实木	板材	金属	玻璃	实木	金属	玻璃	实木	金属
艾锐	82~83、85~86	85							91			91~92	91		
震旦	95		95	95											
美欣	110		110												
赫曼米勒	124~125		124~125												
国誉	135		135					148	147~149	148~149					148~149
凌诺	156~157	156~157	156~157									152			
华润励致	160	160	160	160		165									
铭立		172~173													
春光名美				180~181											
冈村	185、189	189	189									187			
博森												192	192	192	
兆生	210~211										202~203				
诚丰	220~223		220~223	220~223											
三久		230~231	230~231	230~231		229			229	229					
优比		240~241	240~241		240~241							246~247			
境尚												250~253			
韦卓	258					257、259						256			
百利文仪	260~263	260~263	260~263		260~263										

厂商索引
MANUFACTURER INDEX

中国

十美
上海十美有限公司/68

艾锐
上海艾锐斯办公家具有限公司/78

震旦
上海震旦家具有限公司/94

飞灵
上海飞灵家具制造有限公司/106

美欣
上海美欣办公家具有限公司/110

国靖
国靖办公家具(番禺)有限公司/126

凌诺
上海凌诺家具有限公司(代理商)/150

华润励致
华润励致洋行家私(珠海)有限公司/160

铭立
铭立(中国)有限公司/166

春光名美
浙江春光名美家具制造有限公司/180

兆生
兆生家具实业有限公司/202

诚丰
诚丰家具(中国)有限公司/216

三久
上海三久机械有限公司/228

圣奥
浙江圣奥家具制造有限公司/236

优比
优比(中国)有限公司/240

韦卓
上海韦卓办公家具有限公司/256

百利文仪
百利文仪集团(中国)有限公司/260

优格
上海优格装潢有限公司/266

德国

凌诺(WALTER KNOLL)
上海凌诺家具有限公司(代理商)/150

铭立
铭立(中国)有限公司/166

兆生(Open Art)
兆生家具实业有限公司/202

日本

KOKUYO
国誉贸易(上海)有限公司/134

冈村
上海冈村家具物流设备有限公司/184

芬兰

阿旺特
阿旺特家具制造有限公司/102

美国

赫曼米勒
Herman Miller/118

丹麦

博森
paustian丹麦家具有限公司/190

法国

奇耐特长城
北京奇耐特长城座椅有限公司/196

瑞士

USM
上海境尚贸易有限公司/250

文章目录

办公家具的演进与趋势 / 36
Developing and New Trends of
Office Furniture

过去到未来 / 48
From the Past to the Future

重新定义办公室 / 54
Office Redefined

国际知名设计师 / 62
A Look on World Famous Designers

essays

本文概要

在我们的生活体验及空间体验中，相信家具与人的关系是最密切的，也是最具有文化与情感的器物。环顾人类文明的发展历史，家具的形成已有数千年之久，蓬勃发展则是近两百年的事，主要仍是受到工业革命以后机械化生产的影响。而办公建筑及办公室的逐渐成型，则为办公家具的发展创造了契机。从个人办公室到开放式办公室；从个别工作到团队合作；从固定座位到机动办公室；从工匠技术到机械量产；从传统家具到系统家具……凡此种种改变均对办公家具设计产生了影响。新世纪的来临，又提供了更多元化的思考，颠覆了传统办公家具的思维，使得未来更具有无限想象空间。

办公家具的演进与趋势

■ 文/郑正雄

Developing and New Trends of Office Furniture

作者简介：
郑正雄，现任艾锐股份有限公司总经理，兼任台北科技大学工业设计系助理教授，曾任震旦集团家具事业设计中心总经理，震旦行办公家具事业部总经理，震旦行办公家具事业部研发部经理、企划部经理、设计部经理。
著作：《台湾办公家具演进与发展趋势之探讨》、《设计时尚》。

一、家具的发轫

人类自有文明以来，家具的发展就开始慢慢成形。古埃及文明即已创造出具体实用的家具，从其出土的墓葬细致家具来看，反映出一种官僚体系与阶级的文化。古希腊家具及古罗马家具则以绘画装饰闻名，其造型的共同特点是均采用严肃的长方形结构。希腊家具除木制外，还有大理石制家具，而罗马家具大都是青铜制作。

中世纪以后，在基督教兴起的背景下，开始发展仿罗马式家具，主要表现在简单的凳子、长椅、餐桌、木制脚架、储柜和床。由于各民族的民间艺术及精神特色不同，家具样式也产生很大差异，日耳曼及普鲁士地区，采用雕刻或镶嵌细工的装饰，而北欧与英国的家具，则表现出粗犷而坚毅的民族个性。

文艺复兴时期，由于教会权势逐渐衰弱，使欧洲文化从"神"为中心的思想中解脱，所以家具造型倾向于古希腊、罗马、偏古典而调和的造型，较中世纪时期多了一些精致的家具。巴洛克家具则脱胎于文艺复兴风格，其最大特征是流动性的量感和自由奔放的热情，强调造型上的变化，重视直线和曲线在整个结构上和谐而富韵律的效果，注重庄重豪华的装饰性。

17世纪以后，进入以君王、皇后为时代名称的时期。如英国威廉、玛俐和安妮皇后时期，以及乔治时期的齐朋多尔等；法国是路易十四、路易十五、路易十六及乡村风格等四个时期；美国则称为殖民时期、联邦时期及维多利亚时期，这些家具的形式也都有不同的造型表现及装饰效果。

而东方的中国家具并没有明确的发展年代，根据现存商周时期的青铜器物窥视当时木制家具，是先有矮桌而后才有椅、凳、高脚桌、几、案等。推论其发展，应从汉朝开始，经魏、晋、隋、唐、宋而逐渐成熟，至明代发扬光大，明式家具成为中国家具最光辉灿烂的时期，将各种家具的形式及结构表现得淋漓尽致。

二、新材料与新技术

随着工业革命的展开，在19世纪以后，机械化及规模化的生产模式，也开始应用于家具的制造；材料和技术的发展，也对家具设计有了革命性的突破。家具造型、室内配置及工艺品一直受到装饰风格的影响，从英国美术工艺运动、1896年法国新艺术运动、1910年荷兰风格派、1926年法国装饰艺术派等，每个时期在特殊社会背景下各有其独特的风格与特色。

首先是1850年维也纳Thonet家具公司的诞生，其创办人Michael Thonet早在19世纪30年代，就开始尝试用层压结构技术代替手工切割，制造弯曲的家具结构，而后成功发展出蒸气弯曲木料的革命性新技术，并采用螺丝结合方式，使弯木椅进入了量产化阶段。Thonet还有系统地组织整个生产流程，有些产品的组件可以互换，使成本大幅降低，其在技术革新同时，也为产品发展了自然优雅的美学形式，如其"No.14"弯木椅，成为一件超越时代与地域的永恒之作。

20世纪20年代以后，包豪斯兴起，继弯木技术后又产生了新材料的应用。Marcel Breuer开启弯管家具的先河，他以钢管、布、玻璃、木材及皮革等材料，设计出了一系列现代风格的家具。这些设计强调的不仅是风格，而且渗透着家具标准化的设计思想，他在1925年设计的"Wassily chair"及1928年设计的S形钢管椅，至今仍是现代家具的经典之作。此后金属制家具成为现代家具风格的代表，后继者不断朝此方向发展，也产生了更多的现代经典家具，如Mies Van der Rohe于1929年为巴塞罗那博览会德国馆设计的巴塞罗那椅，采用了X形结构镀铬弹簧钢片来支撑皮革坐垫，表现了简洁、坚固又轻盈的设计风格。

20世纪30年代，芬兰建筑师Aalva Alto运用蒸气热弯成型的胶合板，制作出一系列具有弹性的弯木家具，简洁流畅的曲线富有现代气息，功能的合理性与材料工艺和美学形式完美地融合一体。1940年，德国国际样式现代运动致力提倡现代技术，强调形态简洁与机能性，把欧美的建筑、设计、家具都带入国际风格。二次大战后许多新材料被发明出来，于是设计师便转向材料的运用。1950年，意大利Cartell公司生产了塑料成型的桌椅。1950年代以后，塑料材料工业及加工技术也有了新的发展，Eames开发了一系列的模塑成型的胶合板椅及玻璃纤维椅，1958年又以铝合金新材料及皮革，设计了数款脍炙人口的经典办公椅。1967年PU发泡成型泡棉开始应用于办公座椅，这一连串的推展，使办公家具的种类式样大幅增加。

三、现代办公家具的发展

20世纪以前的办公家具几乎全部以木制为主，当时最流行的就是卷门桌（roll-top）及格架柜（pigeon-holes）。20世纪初，现代办公家具形式开始有了较大的变化，如金属家具、旋转椅、打字工作桌等。这些功能不同的家具，多是因打字机的出现而搭配，它是改变办公家具面貌的重要催化剂。法国建筑师Le Corbusier曾描述，打字机不但订出纸张规格的标准，使档案尺寸、桌柜大小也开始标准化，然后再扩大整个办公家具产业，又因需要一张合乎打字作业的椅子，开始有了人体工程学的研究。这种概念在1924年W.H.Leffingnell出

版的《办公管理》一书描述很详细。主要强调椅子要能适应人体脊椎，要能高低调整、前后倾仰及旋转，以方便工作及存取文件。1853年Ten Eyck的旋转椅、1904年Wright的Larkin椅及1911年Thonet的旋转弯木椅等，都说明了椅子需要有调整的功能。

20世纪初期办公家具产业开始兴盛，许多后来知名的厂商皆从这个阶段发展而来。如1905年，Herman Miller的前身，Star家具公司在密执安州的Zeeland成立，以木制家具为主。德国Wilkhahn也于1907年，在汉诺威的Bad Munder成立，初期以生产高级木制家具为主。1912年，Steelcase公司的前身，Metal办公家具公司在美国密执安州的Grand Rapids成立，开启了金属家具工业的发展，成为现今全世界最大的办公家具厂商。此后许多中、大型家具制造商纷纷设立，如成立于1928年的英国Project；成立于1934年的德国Vitra；成立于1938年的美国Knoll；成立于1946年的Haworth等，俱为现今世界知名品牌。

Steelcase

当时生产金属家具算是一门新兴行业，随着办公大楼高层化及办公空间的扩大，大量木制家具提高了对火灾的危险程度，使得金属家具逐渐成为趋势。1937年，Steelcase以生产了著名建筑师莱特为Johnson Wax大楼设计的第一套金属系统家具而闻名，成为办公家具的经典之作，至今仍继续使用着。20世纪40年代，其推出的C-48钢制回转椅及Multiple 15钢制桌，使钢制家具大量普及于办公室。60年代推出的1300 Line办公桌，使得办公家具开始进入色彩化的阶段。1986年，著名人体工程学椅"Sensor

chair"成为全世界第一张动态感应的座椅。2000年，结合知名设计公司IDEO开发出一款跨世纪的人体工程学椅"Leap chair"，为工业美学的经典之作。

Herman Miller

Herman Miller在二次大战后，网罗了两位杰出的家具设计师George Nelson和Charles Eames为其开发一系列现代经典家具，开启了办公家具设计品味的先河。如1946年Nelson开发了BSC（Basic Storage Components）柜子墙系统，1947年的L-Shape主管办公桌。Eames则是发展了许多非常著名的家具，如1946年的模塑合板椅、1950年的钢线椅、1956年的休闲躺椅、1958年的铝合金系列办公椅等。1984年推出了著名的"Equa"系列人体工程学椅。1994年推出"Aeron"系列人体工程学椅，采用聚酯纤维网取代泡棉作为椅身材料，成为办公椅的新典范。

Knoll

Knoll则是另一家以设计师品位取胜的办公家具公司，与Herman Miller同为国际知名的家具设计品牌。其早期以生产著名建筑师作品为主，如Le Corbusier、Marcel Breuer、Mies van der Rohe等人的作品，而后又获得Robert Venturi、Frank Gerry、Harry Bertoia、Ettore Sottsass等人作品的授权生产。这些家具涵盖了现代与后现代风格，均为经典家具的代表。

Vitra

在欧洲的Vitra，其前身为一家专门制造及销售商店展示架的公司。1957年，取得Charles & Ray Eames及George Nelson等人作品的制造授权，开始生产办公家具。1966年推出著名设计师Verner Panton的玻璃纤维椅，1977年开始设计自己的办公椅，推出了Vitramat办公椅，从此由设计师授权生产转变为具有创意与设计的椅子生产商。1984年，其聘请意大利知名设计师Mario Bellini，设计了三款知名的办公椅Persona、Figura及Imago，造成轰动。1988年，再聘请意大利知名设计师Antonio Citterio，设计了三款知名的办公椅AC1、AC2及AC3，使其办公椅的领导地位更为稳固。1989年，聘请知名建筑师Frank O. Gehry设计了著名的Vitra设计博物馆，收藏了近百年来知名的椅子。

Wilkhahn

Wilkhahn在二次大战后，由木制家具转型为专门生产现代化高级办公家具的公司。20世纪50年代时，推出全世界第一张钢化玻璃纤维椅子。1960年期间更积极与Ulm设计学院合作，以理性的工业设计基础取代盲目的前卫主义热潮，获得了丰硕成果。1984年，其推出著名的"FS Line"办公椅，是全世界第一张悬吊式机构的人体工程学椅。1991年及1994年陆续推出Picto、Modus，而其畅销的公共空间座椅Tubis及动态会议系统家具Confair等，也都俱为经典之作。Wilkhahn同时也是忠实拥护现代主义设计及执行环保设计的典范。

Castelli

意大利Castelli成立于1877年，1947年开始从事办公家具的制造。1965年发表著名的DSC公共座椅，散见于全世界机场、车站等公共空间。1976年推出PERT系统家具，1979年推出知名的Vertebra人体工程学椅。

四、系统家具的发展

1956年George Nelson在美国开始用预铸式的方法来规划建造建筑物，引起当时建筑界极大争议。同年其将此种理念运用于家具设计上，为Herman Miller设计出CSS综合储存架系统，开始以模块理念及工业生产方式，将家具运用于室内规划。Nelson于1959年再推出CPS综合隔屏系统，使系统家具的理念向前迈进一大步。

1960年，受到德国办公室景观设计（Office Landscaping）的启发，George Nelson及Robert Propst开始为Herman Miller研究新的办公室观念，发展出Action Office的新观念。1964年

发表全世界第一套办公家具系统"Action Office System",并于1968年推出全世界第一套屏风系统家具"Action Office 2",包含了屏风(panel)、工作台面(worksurface)、吊挂储存系统(hanging storage),因而改变了办公室的传统风貌。影响所及,其引领之后的系统家具发展及办公室规划的潮流中,系统家具在办公室规划上普遍采用开放式的办公室设计。发展开放式办公室设计,是因每个主管领导风格及作业要求皆不一致,所以在办公室规划上,必需具备使用弹性,屏风系统无疑是这种办公室规划最佳的选择。

1973年Steelcase推出屏风系统"Series 9000",成为

TRENDS 趋势

美国最畅销的屏风系统。其功能完备，确立了系统家具在办公室中的主流地位，使系统家具的观念与优点逐步深入每一个办公室，开放式空间规划形成一股潮流。其影响遍及全世界，开启了系统家具市场百家争鸣的时代。各厂牌先后提出各种不同概念主张的系统家具，使系统家具蔚为办公家具的主流。1977年Herman Miller对办公空间进行了进一步的人性化研究，推出了个人工作站"Work Space"。

1984年Bill Stumpf为Herman Miller设计的新系统家具"Ethospace"，突破了传统屏风二十年来发展的窠臼，率先采用块状（block）的方式规划，并且提出新的设计概念，从系统中再细分出次系统。其是一套同时兼顾人性、工作型态与环境的系统家具。其推出市场后，形成了系统家具发展的新趋势。为顺应这种趋势，Steelcase也将原来传统屏风增加表面块状的设计，Haworth相继推出名为"Places"的新型块状屏风。此设计风潮席卷北美及欧洲，并影响到日本及台湾。至此，系统家具成为办公家具市场的成熟商品。

在美国本土风行以屏风为主的系统家具同时，欧洲却走向以独立桌（Freestanding）为主的系统家具，形成两种不同风格的系统家具。造成这种不同的原因，主要在于文化、习惯的差异。欧洲人较偏重开放式空间，美国则习惯保有私密性的办公环境，因而大量采用屏风系统。但不论是独立桌系统或屏风系统，均有相同的先决条件，即其应具备系统化设计和扩充、连结、收纳线路等功能。随着独立桌系统观念的逐渐发展，也形成另一股潮流，影响到日本、台湾，甚至美国Steelcase在1989年也开发出新的独立桌系统家具"Context"。此后直到2000年，Herman Miller推出了最新的蜂巢式规划新系统"Resolves"，赋予空间使用及工作型态新的诠释，也为系统家具的发展开启了另一新的纪元。

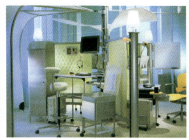

五、办公家具新趋势

人是空间的主角,从人性角度思考,从使用者内心深处去探讨,未来的办公环境观念除了科技整合以外,在人文、自然(环保)方面也不能偏废。以绿色设计为主轴,体现自然材质的充分应用及环保实践,自然元素和谐地融合在high-tech的环境当中,未来的家具设计创造的是一种空间的生活体验。未来工作与生活的界线将逐渐模糊,家具不只是家具,一种新办公生活形态的概念正在被融入办公家具及环境的设计中。以下将列举未来办公家具设计趋势的几个明显特征。

1. 数字化

数字家庭的概念已悄然成型,数字办公生活也成为一种不可挡的趋势。无线网络的应用也将是未来办公环境一大主流,透过无线设备将可以摇控办公空间的灯光、音响、空调、视讯、简报及远程监控等办公机能,这需要多种专业领域的结合才能一同完成。未来办公家具的发展,必须延伸到办公环境整合及IT设备接口整合,形成"办公场域"的新观念。

2005年,艾锐办公家具以这样的技术发展为主轴,采用"room in room"的空间设计概念,率先在上海及台北同步推出"smart cube"空间桁架系统,展现了"信息随在"的具体概念,以三面屏幕取代传统单面屏幕简报系统,所有单枪投影机、摄影机、照明、音响及线路皆可整合悬吊于桁架上,以简单的使用者接口即可操控环境,并可以同时进行多方视讯会谈、远程监控,透过无线网络控制摄影机、简报播放、灯光、音响等,让信息的取得与应用无障碍,展现人性与科技并存的空间。

2. 系统化

未来办公家具产品,都必须以系统化的架构来设计,使其不再只是单一形式、单一功能的产品,如此才能适应多变的后PC时代及新经济时代。

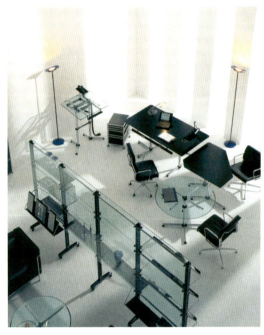

3. 机动化

未来的办公室,不再只是固定形式的规划。顺应信息的快速发展,组织的变动弹性也就愈大。因此办公家具的设计也就必须达到机动调整的功能,使其能配合组织机能及业务机能的变动而扩充或缩减。

4. 个人化

在家上班及个人创业的比例愈来愈高,科技新贵及网络新贵也有愈来愈多的趋势。个人财富的累积,使得消费观念快速提升,因此也就开始讲究个性化与有品位的商品。办公家具的设计,因此必须考虑一些个人风格品位及精致化的设计,而不再只是配合大多数人使用的普及商品。

5. 整合化

未来的办公家具设计，必须考虑各产品类别之间的整合设计，使整体办公室更为谐调、美观，也能兼顾机能。

6. 环保化

环保意识在未来会更为高涨，绿色设计将成为未来办公家具的重要设计目标。因此家具材质的应用及结构的设计，均必须以环保为考虑，达到减量、回收、再生、重复使用等的设计要求。

7. 简单化

未来的世界，极简主义将会盛行。所以产品外观造型的设计，会以简洁单纯的线条，来取代复杂多样的设计。

8. 科技化

高科技挂帅之下，家具普遍流行冷峻的雾银色烤漆或阳极处理。复合材质及冲孔钢板也将普遍被应用在产品设计上，以突显现代感、科技感及未来感。在科技化的潮流下，产品的机能性更受重视，产品创新速度也将更快。

参考文献：
1. Sparke, Penny, 1986, Design Source Book, Macdonald & Publishers Ltd, London
2. Steelcase Inc., 1987, Steelcase-The First 75 Years, Grand Rapids
3. Steven & Linda Rouland, 1999, Knoll Furniture, Schiffer Publishing Ltd, Atglen
4. Leslie Pia, 1998, Herman Miller Interior Views, Schiffer Publishing Ltd, Atglen
5. 卢永毅，罗小末，2000，工业设计史，田园城市出版社，台北

图片提供：
上海艾锐斯办公家具有限公司
Herman Miller 中国代表处
USM Modular Furniture

HISTORY 历史

本文概要

通过对世界办公建筑发展历程的回顾，引发对办公建筑这一类建筑形式的思考，揭示出办公建筑与生产方式和经济关系发展的密切联系，同时也对中国当今办公建筑的发展予以简短回顾。在此基础上对新的办公方式趋势对办公建筑的影响，以及对其未来发展倾向予以探讨，特别是面对数字时代新技术和新经济对办公空间的挑战和要求，个人行为和组织行为对办公建筑的影响，以及办公建筑和空间可能的解决方法予以探讨。

过去到未来
From the Past to the Future —— 办公建筑发展简史
A Brief History of Office Building

■ 文/方海 蒲仪军

作者简介：
方海，联创建筑事务所、芬兰萨米宁建筑事务所建筑师，芬兰赫尔辛基大学艺术博士，北京大学建筑设计学院教授。

作者简介：
蒲仪军，《家居主张》、《地产方向》专栏主持，同济大学建筑系硕士研究生。

由 Anthory Perkins 和 Orson Wells 在 1962 年主演的美国影片《审判》（The trial）中，戏剧性地表达了办公室员工普遍存在的恐惧，其中的办公室场景至今让人记忆犹新。办公室，这个和住宅一样重要的人类活动场所，在电影中展现出的隐喻，折射出当时社会形态发展变化的缩影。

国外办公建筑的发展

早期的"办公室"可以追溯至人们以物易物并且同时作下某种形式交易或记录的年代。在自然经济时期,办公室很可能就是家里厨房或其他房间的一个角落,人们进行交易,商讨事务。而真正意义上的办公建筑则出现在文艺复兴时期的佛罗伦萨:The Vffizi (Vffizi 在意大利语中是办公室的意思),它是佛罗伦萨的都市办公厅,后来成为麦第奇家族的博物馆。欧洲重商主义的兴起,大大改变了商业活动。以物易物的交换形式被合同和证明等商业活动所取代,逐渐取得社会地位的人们在早期也是借用僧侣的书房作为接待顾客的专用房间,后来出现的专用办公空间也是由当时居民的居所衍生出来的。最早可以定义的商业办公室也是家庭和商店的一部分,在英国乔治亚及维多利亚的早期,银行都设在私人住宅的首层,在今天,我们可以从欧美的政府机构的名称中发现其遗留的痕迹。如英文中"众议院"的含义就是"代表们的住房"(The House Representibes)。在当时,办公活动只不过是家居生活的延续,是一个个独立的单间串连而成,室内布置有豪华的家居和繁琐的装饰显示出主人的财富和地位,办公空间有一种舒适、轻松的家庭气氛。而工业革命开始之时由于经济的迅速发展和商业的需求,办公室终于在18世纪从住宅中分离出来,这也顺应了社会从农业经济到工业经济的转变。

画家杜勒版画,描述 St.jerome 在书房读书。

HISTORY 历史

钢铁和纺织业的迅猛发展带动了交通、商业和金融管理的发展，因此需要愈来愈多的办公室，同时形成了新的文书作业。随着电报和电话在19世纪的发明，生产工厂和事务所办公室也在逐渐分离，办公室的功能随着企业的发展变得更为复杂。当雷明顿父子发明实用的打字机时，更证明了经济发展需要提高办公室的效率。伦敦太阳人寿保险公司办公室（London' Sun life insurance）就是这个时期的典型，这个是当时最大的公司，在19世纪就有10名员工、钢笔、墨水、熟练的职员、以日光为主要光源，而采暖则用火炉或壁炉，这些就是当时办公室的特点。

1900年泰勒系统（Taylor System）的应用使"办公室成为生产的机器"的想法变成可能。这种类似于工厂作业流水线的文件传递方式，极大地提高了办公空间的工作效率。泰勒系统的应用是办公空间走向自动化所跨出的第一步。以此为标志，1904年莱特（Frank Loyd Wright）在纽约水牛城设计的拉金大厦则是现代办公建筑发展的第二阶段。数以百计的桌上能手各司其职，内部采用了中庭空间和顶窗、高窗采光，阳光从一个4层中庭空间洒落下来，沐浴整个空间，办公桌整齐地排列其间。这时办公设备大量出现，女性也开始进入办公室，负责打字、接听电话和操作其他设备。电灯也开始普遍起来，但日光仍是办公室照明的主要光源。由于需要采光的关系，建筑物的宽度也较窄，每扇窗户都能开关，因为窗户是新鲜空气的来源，而对于宽广室内空间的采暖、通风、空调、照明的技术性的解决方法，一直到第二次世界大战以后才得以实现。更多的办公室的需求和创新的营造技术推翻了过去原有的办公室设计方式，钢骨结构带来了商业建筑全新的造型——摩天大楼。

第三个阶段始于20世纪70年代，高层的办公建筑在世界各地蔓延开来，办公室建筑与其内部设施及办公家具结合成一体、建筑和室内设计也变得更加复杂。建筑物的设计符合了当时允许个人自我表现的管理方式，是一种使用者的导向。荷兰的Central Beheer保险公司正是此阶段的典型。办公建筑成为最重要的建筑类型，后工业化时代的象征，支配着当代的城市，城市的天际线不再是教堂和宫殿，而是反映当代公司实力的高层办公建筑。他们是当今经济活动、社会、科技、金融进步最真实可见的标志。

在《城市的文明》一书中，Lewis Mumford把现代摩天大楼描述成"一种装人类的档案盒子，里面的人整天就小心翼翼地照顾文件"，摩天大楼成为了当代办公建筑的代名词。城市人口高度集中，城市用地十分紧张，需要在有限的昂贵土地上容纳更多的办公场所，同时新的材料和技术的翻新使得高层建筑成为趋势和可能，同时也是城市经济发展水平和开发商实力的象征。据"高层建筑与城居委员会"1995年对世界100栋世界最高建筑的统计显示，用于或部分用于办公用途的有77栋。芝加哥学派的创始人建筑师詹尼（William Le Baron Jenny）1884年在芝加哥建造了一座10层的现代框架办公楼——家庭保险公司大厦（Home Insurance），它是安装现代建筑架

由赖特设计的强生蜡业公司行政楼。

20世纪30年代的外滩,是中国近代办公建筑最集中的地方之一。

构建造的第一座摩天楼,也是世界上第一座完全运用铸铁框架的建筑。在20世纪初,由建筑师沙利文（Louis Sullivan）继续领导的芝加哥学派成为影响20世纪高层办公建筑发展的最重要的力量,沙利文针对高层商用办公建筑提出了"形式随机能而生"的设计理论。而SOM则在建筑高度的突破上有着不可磨灭的历史功绩,成为后起之秀,1974年完成的443m的希尔斯大厦则是其代表作。SOM的建筑成为世界很多城市高层建筑的标杆,钢骨构造及玻璃幕墙也成为20世纪60年代以来商业办公建筑的象征。SOM公司也是第一家在专业服务项目中提供室内设计的大型公司。同时,KPF建筑事务所的钢结构和花岗岩外墙材料也成为新式高层办公的象征。

在欧洲,出于对传统地方脉络的考虑,欧洲城市中复杂的中世纪街道模式,受保护的景观和复杂的土地所有关系都使得集中修建高层办公建筑不被推崇,人们越来越关注在建筑的改建和更新中如何创造适应当今办公需求的新空间的问题。在意大利米兰,18世纪的宫殿被成功地改造为总面积达1.2万 m^2 的现代办公建筑,而改建过程中所需要面对的技术和规则问题是首先要考虑的。

中国办公建筑的发展

在中国,从封建时代的钱庄和商号,到近代的银行和洋行,办公空间的发展也总是与经济的发展密切联系。特别是矗立在上海外滩的"万国建筑博览群"是中国开埠以来经济和社会发展的缩影,这些主要由洋行、银行组成的雄伟华丽的建筑更是中国近代办公建筑的缩影。其中最著名的是汇丰银行,主体5层,1923年竣工,仿古典主义风格的建筑风格,是当时远东最壮观的建筑,解放后成为上海市政府的办公地。1996年,浦东发展银行通过置换购得大楼。汇丰银行的变迁也是中国近代办公建筑发展的一个侧面,而国民党时期修建的上海市政府,南京中央政府和机关的办公楼则代表了中国建筑师对民族风格的探索。

HISTORY 历史

新中国成立后,由于投资和技术的限制,只有少量高层办公建筑出现,如北京外贸谈判楼,南京电讯大楼,长沙机部八院办公楼等,多采用核心筒的建筑布置形式。改革开放以来,随着国际贸易的发展,外资、合资企业的增多,对现代办公楼与信息通讯的需求不断增多,在这样的背景下,北京、上海、广州等大城市相继出现了一些30~50层的贸易中心,如北京的国际大厦,上海的联谊大厦等。在香港,由于城市用地范围小,人口稠密,土地昂贵,因此很早就有很多高层建筑,大量的高层建筑出现在香港的维多利亚港湾,这里有世界第六高楼——374m的中环广场,第七高楼——369m的中银大厦,具有传奇色彩独具特色的高层建筑——汇丰银行,使得维多利亚港湾两岸的天际轮廓线成为世界上为数不多的人工石井的动人风景线。

上海的浦东陆家嘴是最惹人注目的新的CBD,这里已经建成的和规划在建的有140幢建筑,其中在建的95层460m高的世界第一大厦——环球金融中心和已建成的88层420m高的世界第四高楼——金茂大厦最引人瞩目。特别是SOM公司设计的金茂大厦,这幢集办公和旅馆于一体的超高层建筑因其高科技和中国传统风格的有机结合而备受赞誉。在北京,荷兰建筑师库哈斯(Rem Koolhass)设计的有50多万m²、可容纳10多万人工作的中央电视台新楼以其突破常规的造型和"挑战地球引力"的结构引起了人们的争议。

1998年底,台湾设计师登琨艳移居上海,率先将苏州河旁边的一座仓库租下来改造成自己的工作室后,引发了世纪之交对LOFT再利用的热潮,无论是上海的"8号桥",还是北京的"798工厂",由旧的房子,仓库,工厂改造的工作室成为创意族群工作创作的聚集之地。在杭州的阿里巴巴网站总部的办公室,信息时代的特征,企业的文化都通过裸露的天花,明亮的色彩,地面灰色的自流平,玻璃和金属传递出来。材料在此不再只是办公室中具有中性和功能性意味的背景,它恰恰有力地突出了公司的品牌价值。

■ 1. 位于上海苏州河旁边的仓库,台湾设计师登琨艳将其改造为工作室。
■ 2. 798工厂艺术空间内部。
■ 3. 上海的"8号桥",也是一组将旧工厂改造为办公区的尝试。其间集中了各种创意工作室和公司。

新世纪办公建筑的发展

新千年,信息高速公路、数字化城市、可移动电话、手提电脑、可对话电视机、电子邮件、远程服务网的不断涌现和发展使得今天成为一个崭新的时代。相对应的关键词也变成了"生产率","团队","适应性","易变性"等。建筑业在信息时代所面临的挑战变成了如何转换目的和方式的关系。现代化的机构需要利用办公室的设计来讨论社会动力和个人问题。由于职员具备了电子通讯能力,可以选择在任何时间,任何地点完成工作。

正如古代很多波希米亚艺术家一样,越来越多从事自由创作的族群把工作室设在他们的家里。在家办公提供了更大的自由度,人们不必每天上下班奔波,还可以按照自己的需要和愿望创造出一个合适的工作环境。而这一切得益于信息技术革命提高了通讯的速度和效率。大量的信息可以瞬间发出和接受,一些新兴职业的高度专业性和紧急性意味着人们办公地点将不再受到限制。Loft、SOHO等词便是这些自由人的工作空间的代名词,他们对都市中老的建筑物进行修正和改造,从而达到一种新的创造力的高峰。

对于信息技术的依赖为室内设计提供了新的理论基础:即室内设计是由图像和信息决定而不是由设计本身决定,随之而来是办公空间设计因素的变化。设计所要考虑的不仅仅是效率问题,舒适度、集体气氛、品牌效应、趣味性也是衡量的指标。具体到设计本身,是对人体工程学、空间格局、人的使用轨迹、附属外部空间、光亮和材料等方面的考虑。

办公建筑使办公场地的问题得到解决,但这个环境与自然是隔离的,必须采用各种照明及人工手段调节室内环境(如制冷、增湿等),因此为建筑物的照明、保温和制冷要耗费全球一半的能源。随着生态学越来越多地渗透到各个领域,在建筑设计和建筑结构上运用生态学系统,不仅是一种趋势,也是十分必要的。

2004年在深圳落成的深圳家具研究开发院以生态、环保、绿色为主题,吸纳了国际上诸多空间设计和现代办公的理念,从建筑、景观、室内、家具、灯具、材料等诸多方面强调现代设计中对生态观念、环保意识和人体工程学的倡导和实践,阐释了生态办公建筑在节能以及为建筑物内的使用者创造舒适的环境所作的努力。

深圳家具研究开发院。

参考文献:
1.《办公空间经典集》辽宁科技出版 2003年1月
2.《The 21st Century Office》Laurence King Publishing Ltd, London, 2004
3.《Offices for the Digital Age in USA》Bachelor Press, Limited, 2002
4.《办公室内》江西科技出版社 2003年9月
5.《办公室间》韩国建筑世界株式会社编 大连理工大学出版社 2002年2月
6.《欧洲办公建筑——办公建筑设计与国家文脉》知识产权出版社 2005年1月
7.《室内建筑》2004年试刊03
8.《华中建筑》2005年第1期

重新定义办公室
Office Redefined

■文 / Jeff Reuschel

本文概要

本文的写作意图,不是建议办公室应当采取某种特定形式,或是应当位于某个地方,而是鼓励人们探讨办公室的概念,并提出一个框架,以便于我们理解应当期望办公室做什么。而在过去二十年中,我们对办公室的期望发生了重大变化。

作者简介:
Jeff Reuschel,现任海沃氏公司创意和设计经理,负责搜集和分析个人及团队在不同办公环境下的绩效数据,并将分析成果应用于产品设计和市场开发。

从20世纪80年代开始,人们提出办公室不再是某个场所,而是可以在任何时候出现于任何地点。引进令人称奇的新技术赋予我们能力,让我们摆脱了时间和空间的制约,从而诞生出这种主张。我们终于有办法突破"办公室应当30尺宽、60尺长"的思维。这是件好事。同时,我们在诱导之下相信这辆模糊不清、终点不明的列车将代表我们的未来,我们要么搭上车,要么被抛下。这绝不是件好事。

当然,数以百万计的白领职员没有搭上车。每天,我们仍像以前一样去上班,坐在自己的写字台前,相信总有一天,更加开化的"新秩序"国民会找到我们,让我们抛却一切,只身带着电脑来到缥缈不定的虚拟世界中。

但还没等焦虑症全面袭来,80年代末已有人试图让知识工作者有所适从。新的词汇和短语得以命名,但在词典和电脑拼写检查功能的监控范围之中,这些词汇包括办公酒店化、露营办公、电子通勤、远程办公、无址办公、即时桌面、无领地、共享、适时、虚拟等,这些新的词汇符号体现了新的工作方式。我们有了新的事物可供谈论,并可使用新的语言来谈论它们。"办公室"正呈现出生命的迹象、进化的迹象。

我们不仅有了新的词汇,而且我们关于办公室的概念也发生了生了变化。80年代，当我们不再囿于认为"办公室"就是特定场所的时候，我们的思维经历了"无形的考验"。这开创了必要条件，使得设计师、空间规划师和设施管理者能为新的工作实践开发出新型工作场所，并探索另类办公室的"另类"之处何在。但是，这其中存在一个问题：人们将正在创生之中的"另类"策略用作形容词，来描述界定不清的对象——办公室。

上个十年的喧嚣尽管令人兴奋，但必须承认，我们沉迷于探讨"办公室可以是什么"，因而未能专心致志地研究"办公室应该是什么"。而它们应该是什么，必须由它们应该做什么来加以界定。从这一点出发，我提出下面的定义：

办公室是使得个人或群体能够完成认知性任务的便利系统。

继续讨论之前，还要先弄明白"便利"的定义。便利，指的是有利于开展当地发生的互动或活动的某种环境特征。这些互动与活动还需要参与人员投入其能力及才智。因此，"便利"和"能力"的概念相互依存。这表明，要取得成果，环境的贡献不亚于参与人员的贡献，并解释了办公室的定义为何必须包含便利的概念。

为了设定框架，讨论办公室工作的这些便利，我对上面的定义提出以下增补：

该系统必须包含以下四大类便利：印嵌、互动、隔绝、外现。

根据情形，可能同时应用多个类别的若干便利。相反，情形也可能要求在不同时间、不同地点提供不同的便利。这些任务不必要在一个地方完成，但必须为每件任务提供一套特定便利。关键在于，无论工作系统包含的是某人的家居、传统办公室、另类办公室、学校、山顶还是上述全部，都必须提供所有这四类便利的某种组合。

以下四个章节中，每个章节界定其中一种类型的便利。

印嵌的便利

办公室必须向工作者提供通过最有意义的方式，在数量及类型恰当的物件上进行印嵌的机会。

印嵌，是办公室所提供的最常用到的便利之一，但却极少有人对此有所认识。创建、放置并调用认知性物件已经完全融入日常经历中，人们对此司空见惯。我们只须想想每年卖出多少即时贴，便可了解这些物件有多重要。

尽管使用此类物件极其重要，办公室鼓励使用它们的程度却令人失望。除了时而用到图钉写字板、记号笔白板或风行一时的即时贴，如今的工作场所通常都忽视这项活动。我们的办公桌面（五十年来都是横向的平板），只可供垂直堆放参考资料。压在这些纸堆底下几层的物件都非常容易被遗忘。即便是貌似无害的文件抽屉，也有可能成为危险的工具。资料一旦放到里面视线不及之处，要记得它们存在，就只能全看资料的主人。如今的许多工具都这样毫无成效，徒然给人井井有条的幻觉。它们掩饰或掩盖了办公室物件固有的多样性，而不是利用其差别。

对印嵌活动缺乏支持,不仅体现在物理环境压制记忆。许多工作场所的文化甚至整个社会都在赞美干净、整洁的环境,同时批评较为凌乱、但充满提示的工作空间。设计及建筑杂志中的照片从不展现铺满文件的办公桌或贴满参考资料的墙壁。结果,办公室人员就误认为一尘不染便是最好。这已经导致出现"办公室厌食症"的情况——工作人员直接或间接觉得受到驱使,不得不将资料放到看不见的地方。

我们当前的许多工作方式也跟印嵌记忆相抵触。要求员工在众多场所行使职责的另类办公策略,使得他们无法充分利用记忆提示为自己解决问题、规划和开展创造性工作。除了限制可利用记忆提示的数量,这些情形往往还要求每天移除或重新安排这些提示——这进一步妨碍了提示的成效。

关于这个问题的微妙之处在于,并非所有印嵌都包含有意识的行动。学生在自己学习或记忆知识的地方参加考试成绩会更好,这并不奇怪。人们认为,原因是学生在潜意识中跟那个环境的特征建立联系。可以想象,若项目团队没有分配到属于自己的空间而必须临时跟别人共用会议室召开每周例会,会出现什么样的记忆缺失。人们可以看到,与之相比,为公司所有项目团队安排专用工作场地的房地产费用会显得微不足道。

值得指出的是,印嵌有另一项重要社会功能——划分领地。这指的不是记忆,而是明辨并声明个人空间。在这项功能中,物件被称为"空间标记",可以"通过创建有效的警告体系,减少或消除争夺空间的冲突。"在某个人或群体拥有或分配得到空间的情形中,"空间标记"最为常见。虽然总存在例外情况,身处这些情形的人士通常很少出现领地冲突。

空间标记还适用于在共用或公共空间中临时声明领地的情形。要在这些情形中解决管辖权问题,规程非常重要。如果规程包含了空间标记,那么这些标记对入侵方来说必须明显可辨。

虽然在我的调查中列出的完成工作必需物品中从未提到认知性物件,它们却是办公室中必不可少的东西。对个人来说,它们是播种下去用于提醒的思想和籽。对群体来说,它们是界定"我们是谁"的集体意识。而作为标记,它们则是让邻里和睦相处的好栅栏。

隔绝的便利

办公室必须向工作者提供排除无关刺激物的手段,

同时又使其随时接收到可能具有意义的刺激。

我必须承认，有时候在剥夺一切知觉信号的闷罐中工作似乎颇有吸引力。绝对没有打扰。没有东西来分散我的脑力，我可以聚精会神从事手头的工作。但一般说来，我们的工作要求自己跟周围世界的一部分保持联络。因此，虽然这种便利听起来很简单，却需要达到特别微妙的平衡。令某个人分神的事物，或许能激发另一个人的思维。某一天令人分神的东西，或许另一天会让人精神倍增。给某项任务造成麻烦的东西，或许是另一项任务必不可少的。因此，正如这种便利所表明的那样，过滤机制的"孔隙率"应当视乎情形而变，以便让个人或群体能调整刺激流的速度和类型，使之与任务相适合。

可是，为何不把所有输入物消除到某个限度之下，却要允许其中一些在背景中轻声作响呢？这是因为，人们不可能知道这种背景"噪音"会起到多大的催化作用。在应对困难问题时，往往是意想不到的刺激提供突破点。

杜绝来自知觉与社会的输入物，使之低于跟我们直接相关的水平，还会消灭帮助周围人的机会。工作场所引进新软件时经常反复问"我怎么才能……"，就是一个例子。能够听到（或无意听到）求助呼吁，便能够将智慧赋予他人。当然，作用是双向的。我们越是允许输入物通过，就越有机会在不可避免地听到"噪音"的同时得到有用的信息。关键在于做到平衡。

但是，我们仍永远不希望某些刺激影响到意识思维。例如，温度、灯光、空气质量、不透光度、座位舒适度等环境特性。理想的温度是让人感觉不到的温度。理想的座椅是让人感觉不到的座椅。这些应当是任何工作场所的起码条件。如果我们的思想还要分神担忧健康及生理舒适等最基本的东西，要让业绩上升到更高水准是很困难的。

由于当前人们匆忙发明并应用另类办公策略，另一种隔绝机制就值得一提。对许多组织来说，做到办公室有别于家庭非常重要。在关注点、目标和乐趣方面，家庭与事业不一定有共通之处。因此，如果没有距离的隔绝，每时每刻的做事重点都可能混淆，挫折也可能错位。我的意图不是劝阻在家办公的做法，而是指出节省房地产成本或"因为我们能做"并非总是让员工回家办公的充足理由。

关于此项便利最后再提醒一点。在办公室中，隔绝往往被认为是由其近亲：私密性带来的。但是，人们在工作环境中寻求私密，

CONCEPTION 理念

通常不是因为工作者希望独自办公，而是因为他们不想受到打扰。隔绝的意思不是独自办公，而是指环境所提供过滤的程度与类型，这两者都须加以调整以适应任务的需要。遗憾的是，我们通常所创建的环境，都在试图消灭，而非调节分心因素。这样做，我们所创建的空间既没有打扰，同样也没有了刺激。我呼吁大家在看待隔绝、打扰和刺激时，大大拓宽思路的深度和广度：

隔绝并不需要隔离。隔离并不保证隔绝。有时候，最好的藏身之所便是人群。而有时候，人满为患的饭店中的喧闹，是一种最好的寂静。

互动的便利

办公室空间向工作者提供确知与适当的情境"时间与空间"，以便跟他人开展互动。

列位读者，当你看到这些话的时候，我们正在互动。方便的印刷页面，让我无须亲身在场便可向你们传达思想。对相同的话题展开电话交谈，则是一种非常不同的互动。我们所选择的互动类型，取决于我们须传达的内容以及可利用的媒体。由于各种互动类型都有不同的时间或空间要求，将其混合起来，你最后将得到非常复杂的结果。

更令事态复杂的是，对于不同互动类型，我们经验差异巨大。我们已经进行了数千年的面对面互动，电话技术的历史才一个世纪多点，而应用语音邮件与电子邮件才十年出头。尽管这些互动类型差异甚大，但它们都共同拥有一项为人忽视但却极端重要的便利——地址。对印刷品、电子通信和电话技术来说，这意味着它们包含一个地点识别代码（电话号码、电子邮箱等等），可将所有输入信息引导到储存装置中便于取用。对面对面互动来说，这意味着共同约定的工作地点与工作时间，让他人大致了解工作者何时在何地。因此，通过定义时间或空间变量，地址使得访问更加容易。

近年来的技术进步让大多数工作者拥有了更多的地址（电子邮件、移动电话、传真、语音邮件）。这使得更大范围中的"其他人"访问更为容易，并导致我们中每个人得到的联系人数量增多。我有合理的把握（虽然没有科学证明）指出，这种数量增加恰好与互动质量的下降同时出现。

我有两个理由支持这个信念。首先，要针对数量如此之大的

讯息或问询构思考虑周详的答复似不可能。工作者每天收到一百封电子邮件的情况越来越普遍。再随便加上几十封语音邮件，你的联系人就多得答复不过来了。

我声称互动质量下降的第二个原因是，新媒体跟较为熟悉的面对面接触相比，其"饱和度"不同。梅洛维茨在其著作《No Sense of Place》一书中引述格夫曼的说法定义了"饱和度"一词。饱和度描述情形与地点之间的关系。将任何一种媒体导人情形，都会改变那种关系。电子媒体令互动情形的数量增加，从而令人意想不到地改变了关系。要从电话交谈（而非面对面讨论）中判断电话线另一端的对方是对你全神贯注，取笑于你还是完全不把你当回事，将会困难得多。导人该媒体，使人们难以预料对方是否如己所愿地接收了讯息。

更加糟糕的是，收件箱或信箱的问世，让人们无法知道自己的讯息究竟有没有被阅读。由于发送极为容易，语音邮件和电子邮件可以用来推诿责任（"我今天早上给你发了一封邮件，你还没有对此采取行动吗？"）结果是，反应时间可能变慢，因为未被读取的请求和答复在邮箱中积压起来。加上发送方不切实际地认为自己发送的讯息已经被阅读，这让情形变得危险起来。

因此，虽然办公室提供许多新的互动机会，真正的沟通有可能比以往还要稀少。如果说我们从过去十年中学到了什么，那就应该是：让访问变得容易，并不能确保信息得以传输。就目前来说，这让昔日的实时互动优于结果较难预料的"不同步式"互动。必须关注出现面对面谈话的空间。我们必须更多了解呈现预算方案、通过脑力激荡思索产品名称、磋商交易或讨论人事变动所要求环境的差异。我们需要让发现式互动更容易出现的环境，然后支持那些互动。

我们必须将谈话的艺术从电信科学中拯救出来。

外现的便利

办公室必须向工作者提供在物理环境中创造、记录、展示自己想法的适当选择。

外现，就是将想法从大脑中取出并传递到外部世界中的行动。可以通过写作、讲话、表演或创建图形再现，向我们自己或他人传达自己的想法，从而做到这一点。但尼尔·莱斯伯格简述了外部再现的下列好处：

CONCEPTION 理念

1）感性认识——外现让我们能接触原本无法接触到的知识与技能。

2）非故意——其他人以及"再现形式"本身的创建者均可以重新阐释再现形式。

3）发现缺漏——外部再现让我们能辨识出自己想法中含糊不详的地方。

提供机会让人们外现其想法，或许是如今办公室所有便利中最受忽视的一项，但它却极其重要。对于许多任务来说，外现是决策、判断、组织与解决问题的关键。例如，只是因为办公桌面不够大或已经占满，工作者就把参考资料摊放一地，是较为常见的现象。这让人能够一下子就看到所有相关元素。这样展放资料的道理很简单，但许多环境无法容纳（或者文化并不允许）这样的做法。就如上面列示的好处所表明的那样，工作者需要有工具在个人及群体工作区域中创建、记录并展示想法与信息。然而，这样做并非没有挑战。

创建与记录的行为，往往可能产生出型体很大的再现形式。虽然总有可能通过改变样式或媒介来创建更容易管理的信息，这样做并不总是很理想。以其原始形态保留的原始信息，（对于创建时在场的人员来说）总是包含比移位或转录后的信息更多的意义。

大型呈现不仅需要较大的展示空间，而且这个环境还必须适合创建与记录活动。这个环境可以由多个人员或群体共享，这要求人们将一组展示材料"放在一边"，以便有空间"拿出"或创建另一组材料。单个空间既要能够传达过去的事件，同时又适合于转换到"空白空间"以利于脑力激荡，这可能是一个巨大的挑战。

要创建适当的空间和工具，让创造活动毫不费力，让记录活动轻松自如并让展示活动富有意义，这个任务难得令人畏惧。在最理想的状况中，环境、工具会随时俘获周边产生的信息和想法，而无须创造者去费力。它们将排除不相干以及较次要的输入物，同时记录并强调重要输入物，这一点很象图形辅导员。然后，将以不太注目的方式储存起来，而空间则用于其他活动，并且很容易在一瞬间就恢复到展示模式。

虽然目前尚不存在这种完美的外现，新技术每天让我们都更近一步。就目前来说，重要的是意识到外现的重要性，利用当前可获得的任何工具，并在任何可能的时候注意到出现这种便利的机会。因为尽管我们的大脑奇妙而浩瀚，它们的确存在局限，但或许我们无须忍受这些局限。就跟印嵌一样，外现就是走出我们自身，利用

外物帮助我们思考与沟通。并且,由于我们生活在巨大的世界中,我们完全应当期望从中产生伟大的想法。

结论

人们或许认为,我们现在不再会对过去恋恋不忘了。"虚拟化"的80和90年代应该已经把这样的想法(即办公室无非是办公桌、座椅、电脑和电话)从我们的头脑中清除掉。认为这些东西是完成工作的核心成分的想法,应当已为人所淡忘。但是,我们仍在固守这些传统,这一点无可争辩。几百年来,办公室一直在"工作时间"内,在某个地点为工作者提供全套便利。所以毫不奇怪,人们首先想到的便是在那个地方始终提供的东西。但是,不管那个地方有多么令人惬意,我们都知道事实:技术已经永远地改变了这些传统。如今,由于可以跨时间与空间地分配工作,工作得以完成的便利同样也必须分配出去。

分散的工作时间和工作场景(不管这些概念如何让人陌生),要求人们细心关注何时何地可获得何种便利。例如传统上讲,地址的便利必须始终伴随隔绝的便利,因为如果不这样做,无休止的连串打断会让任何工作都无法完成。但是,对单枪匹马的"马路斗士"来说,惟一的"地址"或许就是电话号码。在那种情况下,只要关掉手机,便可迅速可靠地实现隔绝。 但是,行走江湖的马路斗士是否因为无法将记忆印嵌在任何物件(除了公文包或手提电脑)中而大脑空白?若不是有心去问这个问题,我们将永远无法知道。

这就是我为何要提出这个定义的原因。我希望它能够让我们更深刻地懂得办公室应当为我们做什么,引导我们质疑惯常的判断,并希望通过提出更好的问题,我们会得到更好的答案。

参考文献:
1. Webster's New Collegiate Dictionary, 1981, G. & C. Merriam Co.
2. Norman, Donald A. The Design of Everyday Things, 1988, Doubleday/Currency.
3. Becker, Franklin D. Study of Spatial Markers. Journal of Personality and Social Psychology. 1973. Vol. 26, No. 3, 439-445
4. Oldenburg, Ray. The Great Good Place, 1997, Marlowe & Co.
5. Meyrowitz, Joshua. No Sense of Place, 1985, Oxford University Press.
6. Reisberg, D. External representations and the advantages of externalizing one's thoughts. Proceedings of the Cognitive Science Society. Erlbaum, Hillsdale NJ. 1987.

图文提供:海沃氏上海创意中心

DESIGNER 设计师

国际知名设计师
A Look on World Famous Designers

约里奥·库卡波罗
Yrjo Kukkapuro

约里奥·库卡波罗,是当代世界顶尖家具设计师之一,他的作品充分体现其开放意识与创新精神。他是斯堪的那维亚功能主义传统的重要继承者。

约里奥·库卡波罗1933年出生于芬兰维堡,1959年成立库卡波罗工作室。长期在赫尔辛基工艺与设计学院以及世界几所大学任教,进行教学活动。同时,他设计的家具,其中主要是椅子曾获得多项国际大奖。他的作品被包括纽约现代艺术博物馆以及伦敦维多利亚与阿尔伯特博物馆等世界各大博物馆所争相收藏。他在60~70年代设计的玻璃钢Karuselli椅被《纽约》杂志社评为"最舒适的座椅",被《纽约时代周刊》评为世界上最受人喜爱的十八大物品之一,是巴黎国际产品管理组织邀请99位名家评出的20世纪最重要的99件作品之一。

约里奥·库卡波罗是在设计作品中倡导人体工程学的最重要的设计师之一，在他的理念中，人体工程学与功能主义是密切相关的。为了得到合适的尺寸，他调查研究了与具体使用直接相关的各种数据，通过这种方法获得设计作品的原始造型。与此同时，他也在考虑材料和制作工艺。

早在50年代后期，库卡波罗就想要设计一种基于人体形状的玻璃钢椅子。玻璃钢是可以弯曲的材料，弯曲特征以及符合人的生理系统需要是库卡波罗在设计家具时考虑的首要问题。人体构造和人体美是库卡波罗首件Karuselli系列外形设计的灵感所在。

在最初构思的基础上，库卡波罗于1963年初开始着手技术上的研究，他用金属网制作模型，以便测试身体是否达到真正的舒适度。"我首先要坐在金属网上，使它按照我的身体曲线成型，然后将这一造型固定在管状构架上，再用浸透塑料的帆布覆盖于表面。将塑料打磨平滑后，就得到了我所期望的精确造型。"在此期间，他发现状似鸭脚形式的椅子腿部与座椅具有极好的一致性。椅子的最大特色在于座位与腿部之间的连接形式。大多数的转椅是用钢管将两者上下直接连接，库卡波罗则发明了弹性连接，这个特殊部件主要来源于美学上的考虑，同时又极好地满足了使用者对舒适度的要求。设计师希望座椅既是舒适的，同时又是美丽的。很显然，原先的那根圆管会破坏这一完美形式，库卡波罗于是另辟蹊径，采用簧片连接的方法。在测试过程中，他发现它除了非常舒适之外，还出人意料地能够提供一定的摇摆度。事实上还有一点也很重要：由于座椅相对比较重、也比较大，圆管很难稳固地连接，而簧片除美观、舒适之外，还能够提供更为牢固的连接。Karuselli椅的模型在圣诞节前两天完工，被陈列在位于赫尔辛基中心区海密公司的样品陈列室，就在一位参观者徘徊良久并亲身体验后说出"我就买它"之后，海密先生（海密家具有限公司的总裁）决定立刻投产。

Karuselli椅已经有四十多年的历史，这些年中每年都会新产生数以万计的著名座椅，但Karuselli椅依然是最好的座椅之一。

DESIGNER 设 计 师

Justus Kolberg

Justus Kolberg1962年出生于德国，1988年为"Giancarlo Piretti"工作室作设计师，自1991年学习工业设计毕业以后，他先后在意大利的"Tecno"和德国的"Wilkhahn"等知名的家具厂商担任设计师。

1997年，Justus Kolberg成为自由设计师，为多家国际知名的家具企业做设计，其中包括：Tecno（意大利）、Kokuyo（日本）、Wilkhahn（德国）、Kusch（德国）、HOWE（丹麦）等等。

从出道到成为一个知名设计师，Justus Kolberg所用的时间非常短，其事业的辉煌得益于融入他的智慧并与现代建筑设计完美结合的设计作品。

1994年他的产品设计被荷兰阿姆斯特丹Stedelijk现代艺术博物馆永久收藏。

1995和1996年，他两次获得德国汉诺威产品设计IF大奖。

1996年获得美国IDEA工业设计优秀奖。

从1992到2003年，他曾七次获得德国NRW设计中心颁发的"红点"奖。

Henrik Rolff & Erik Rasmussen

1968年Erik Rasmussen和Henrik Rolff毕业于Danish School of Art and Design,自此两人便开始了长期的合作,1978年他们决定不再为其他的工作室工作,而要进行自己的独立设计,于是便在哥本哈根的市中心开办了设计工作室。

Erik Rasmussen和Henrik Rolff被人们习惯性地称为"2R",他们的设计主要集中在家具领域,多年来已经有多件杰出的作品问世。他们所设计的The Garden set、The Cabinet set、Scan Shelve、2R table system、Combination、Conference furniture、Dining furniture等多款作品分别获得open competition、Danish Furniture Award、Assigned the IBD Gold Award、Center's Design Award等多个奖项。他们所设计的多款作品都长年保持了良好的销售业绩,这使得多家国际知名企业争相与之合作,如:Paustian、Artek OY、Scandia-Randers、Scan Inc、Fritz Hansen、Domore Corporation、Fredericia Furniture等。

图文提供:
阿旺特家具制造有限公司
铭立中国有限公司
paustian 丹麦家具有限公司

A

ALLBEST 十美 68
Ares 艾锐 78
AURORA 震旦 94
AVARTE RISON 阿旺特 102

F

FEELING 飞灵 106

H

3h 美欣 110
Herman Miller 赫曼米勒 118

K

KC 国靖 126
KOKUYO 国誉 134

L

LINKNOLL 凌诺 150
LOGIC 华润励致 160

M

MATSU 铭立 166

N

NUMEN 春光名美 180

O

Okamura 冈村 184

P

Paustian 博森 190

Q

quinette greatwall 奇耐特长城 196

S

SAOSWN 兆生 202
SHING FENG 诚丰 216
SUNCUE 三久 228
SUNON 圣奥 236

U

UB 优比 240
USM 境尚 250
VALUABLF 韦卓 256
VICTORY 百利文仪 260

Y

YOUR GOOD 优格 266

产品展示

品牌排序说明：品牌依照英文字母排序，以品牌LOGO左起第一个英文字母为准，如遇中文，以中文拼音第一个字母为准。

product
exhibition

上海十美有限公司
地址：上海市嘉定区嘉戬公路立新路25号
邮编：201818

CATO 系列

CATO系列由德国THE KLÖBER DESIGN-TEAM知名设计师设计，开创了新的设计理念。一方面，使用全新的风格率领新风尚；另一方面，调整技术使操作更简便。同时，ALL BEST成为德国KLÖBER公司在中国惟一正式授权生产及销售的伙伴。

电话:021-59515967/59515974
传真:021-59515139
服务热线:021-59515967

网址:www.allbestchairs.com
E-mail:allbest@allbestchairs.com

品牌国别:德国
生产地区:中国

CATO系列
产品编号:CATO529
品类:职员椅
规格(mm):详见工程图
材质:布质
颜色:有多种颜色可供选择
参考价格(元):详细价格请咨询厂商
说明:配有CATO-3D扶手;德国原装进口连动上架;黑色烤漆气压棒;抛光铝合金脚

CATO系列
产品编号:CATO528
品类:职员椅
规格(mm):详见工程图
材质:布质
颜色:有多种颜色可供选择
参考价格(元):详细价格请咨询厂商
说明:配有CATO-3D扶手;德国原装进口连动上架;黑色烤漆气压棒;抛光铝合金脚

CATO系列
产品编号:CATO525
品类:职员椅
规格(mm):详见工程图
材质:布质
颜色:有多种颜色可供选择
参考价格(元):详细价格请咨询厂商
说明:配有德国原装进口连动上架;黑色烤漆气压棒;耐纤椅脚

■ CATO系列局部功能特点说明

可调节扶手高度及角度

可调节重量

可调整座高

CATO系列
产品编号:CATO518-514
品类:接待椅
规格(mm):详见工程图
材质:布质
颜色:有多种颜色可供选择
参考价格(元):详细价格请咨询厂商
说明:配有弯管脚连扶手

CATO系列
产品编号:CATO517-513
品类:接待椅
规格(mm):详见工程图
材质:布质
颜色:有多种颜色可供选择
参考价格(元):详细价格请咨询厂商
说明:配有弯管脚连扶手

CATO系列
产品编号:CATO516-511
品类:接待椅
规格(mm):详见工程图
材质:布质
颜色:有多种颜色可供选择
参考价格(元):详细价格请咨询厂商
说明:配有弯管脚连扶手

可调整座深

同步机械装置可锁定在三个位置

可调节靠背高度

ALL BEST

上海十美有限公司
地址：上海市嘉定区嘉戬公路立新路25号
邮编：201818

CATO CASA系列
产品编号：CATOCASA569
品类：职员椅
规格(mm)：详见工程图
材质：布质
颜色：有多种颜色可供选择
参考价格(元)：详细价格请咨询厂商
说明：配有CASA-4D扶手，德国原装进口连动上架；黑色烤漆气压棒；抛光铝合金脚

CATO CASA系列
产品编号：CATOCASA568
品类：职员椅
规格(mm)：详见工程图
材质：布质
颜色：有多种颜色可供选择
参考价格(元)：详细价格请咨询厂商
说明：配有CASA-4D扶手，德国原装进口连动上架；黑色烤漆气压棒；抛光铝合金脚

CATO CASA系列
产品编号：CATOCASA564
品类：接待椅
规格(mm)：详见工程图
材质：布质
颜色：有多种颜色可供选择
参考价格(元)：详细价格请咨询厂商
说明：配有弯管脚连扶手

■ CATO CASA系列局部功能特点说明

可调节扶手

可调节重量

可调整座深

可调节靠背高度

M1系列
产品编号：M1-02
品类：职员椅（中背有扶手）
规格(mm)：640×630×(1000~1080)
材质：塑胶(椅背)，合成皮及半皮(椅座)
颜色：有多种颜色可供选择
参考价格(元)：3380.00（合成皮）
3634.00（半皮）
说明：配有多功能升降扶手；SY上架；镀铬气压棒；K形镀铬铁管脚；尼龙加纤椅轮

M1系列
产品编号：M1-03
品类：职员椅（中背无扶手）
规格(mm)：510×630×(1000~1080)
材质：塑胶(椅背)，合成皮及半皮(椅座)
颜色：有多种颜色可供选择
参考价格(元)：2856.00（合成皮）
3098.00（半皮）
说明：配有SY上架；镀铬气压棒；K形镀铬铁管脚；尼龙加纤椅轮

M1系列
产品编号：M1-06
品类：职员椅（弯管脚有扶手）
规格(mm)：620×610×965
材质：塑胶(椅背)，合成皮及半皮(椅座)
颜色：有多种颜色可供选择
参考价格(元)：2506.00（合成皮）
2738.00（半皮）
说明：配有尼龙加纤椅轮；CX弯管脚（镀铬）

■ M1系列局部功能特点说明

腰靠高度调校

同步倾仰机关

扶手阔宽调校

扶手角度调校

电话:021-59515967/59515974
传真:021-59515139
服务热线:021-59515967

网址:www.allbestchairs.com
E-mail:allbest@allbestchairs.com

品牌国别:德国/中国
生产地区:中国

LINE系列
产品编号:LINE-01
品类:职员椅(高背有扶手)
规格(mm):590×660×(1055～1145)
材质:合成皮、半皮
颜色:有多种颜色可供选择
参考价格(元):1480.00(合成皮)
　　　　　　　2240.00(半皮)
说明:配有弓形铝合金扶手;中置式上架;
　　镀铬气压棒;K形镀铬铁管脚;尼龙
　　加纤椅轮

LINE系列
产品编号:LINE-02
品类:职员椅(中背有扶手)
规格(mm):590×660×(925～1015)
材质:合成皮、半皮
颜色:有多种颜色可供选择
参考价格(元):1400.00(合成皮)
　　　　　　　2040.00(半皮)
说明:配有弓形铝合金扶手;中置式上架;
　　镀铬气压棒;T形镀铬铁管脚;尼龙加
　　纤电镀椅轮

LINE系列
产品编号:LINE-04
品类:职员椅(低背有扶手)
规格(mm):590×660×(865～955)
材质:合成皮、半皮
颜色:有多种颜色可供选择
参考价格(元):1360.00(合成皮)
　　　　　　　1900.00(半皮)
说明:配有弓形铝合金扶手;中置式上架;
　　镀铬气压棒;T形镀铬铁管脚;尼龙
　　加纤电镀椅轮

LINE系列
产品编号:LINE-01B
品类:职员椅(高背有扶手)
规格(mm):615×660×(1085～1185)
材质:合成皮、半皮
颜色:有多种颜色可供选择
参考价格(元):980.00(合成皮)
　　　　　　　1680.00(半皮)
说明:配有VM-05铝合金扶手;中置式上
　　架;黑色烤漆气压棒;350耐纤椅脚;
　　尼龙加纤椅轮

BS系列
产品编号:BS4
品类:职员椅(低背有扶手)
规格(mm):630×675×(965～1060)
材质:塑胶(椅背),合成皮及半皮(椅座)
颜色:有多种颜色可供选择
参考价格(元):2280.00(布/网)
　　　　　　　2580.00(合成皮)
　　　　　　　3180.00(半皮)
说明:配有弓形扶手;前置锁定上架;
　　镀铬气压棒;K形镀铬铁管脚;
　　尼龙加纤椅轮

BS系列
产品编号:BS6
品类:职员椅(弯脚有扶手)
规格(mm):625×665×975
材质:合成皮、半皮
颜色:有多种颜色可供选择
参考价格(元):1480.00(布/网)
　　　　　　　1680.00(合成皮)
　　　　　　　2380.00(半皮)
说明:配有AS弯管脚

上海十美有限公司
地址：上海市嘉定区嘉戬公路立新路25号
邮编：201818

HIT 系列

HIT系列座椅，外观线条流畅。蛇形扶手体现蒸蒸日上的气势，背上银色液体烤漆的塑胶背壳起到画龙点睛的作用。

电话:021-59515967/59515974
传真:021-59515139
服务热线:021-59515967

网址:www.allbestchairs.com
E-mail:allbest@allbestchairs.com

品牌国别:中国
生产地区:中国

HIT系列
产品编号:HIT-02
品类:职员椅(中背有扶手)
规格(mm):630×615×(925～1005)
材质:布质
颜色:有多种颜色可供选择
参考价格(元):790.00
说明:配有蛇形扶手;中置式上架;黑色烤漆气压棒;
320耐纤脚;尼龙加纤椅轮

HIT系列
产品编号:HIT-04
品类:职员椅(低背有扶手)
规格(mm):630×615×(880～960)
材质:布质
颜色:有多种颜色可供选择
参考价格(元):740.00
说明:配有蛇形扶手;中置式上架;黑色烤漆气压棒;
320耐纤脚;尼龙加纤椅轮

HIT系列
产品编号:HIT-07
品类:职员椅(无扶手)
规格(mm):510×630×(880～960)
材质:布质
颜色:有多种颜色可供选择
参考价格(元):560.00
说明:配有中置式上架;黑色烤漆气压棒;
320耐纤脚;尼龙加纤椅轮

SMART系列
产品编号:SMART2
品类:职员椅(中背有扶手)
规格(mm):640×570×(850～940)
材质:布质
颜色:有多种颜色可供选择
参考价格(元):1080.00
说明:配有CIO银色背饰;IO升降扶手;CIN上架;镀铬气压棒;
350/320镀铬铁管脚;尼龙加纤椅轮

SMART系列
产品编号:SMART4
品类:职员椅(低背有扶手)
规格(mm):570×540×(820～910)
材质:布质
颜色:有多种颜色可供选择
参考价格(元):1040.00
说明:配有CIO银色背饰;IO升降扶手;CIN上架;镀铬气压棒;
350/320镀铬铁管脚;尼龙加纤椅轮

SMART系列
产品编号:SMART5
品类:职员椅(低背无扶手)
规格(mm):60×540×(800～890)
材质:布质
颜色:有多种颜色可供选择
参考价格(元):920.00
说明:配有CIO银色背饰;CIN上架;镀铬气压棒;
350/320镀铬铁管脚;尼龙加纤椅轮

上海十美有限公司
地址：上海市嘉定区嘉戬公路立新路25号
邮编：201818

VIP系列	VIP系列	VIP系列
产品编号：VIP-01	产品编号：VIP-02	产品编号：VIP-04
品类：职员椅(高背有扶手)	品类：职员椅(中背有扶手)	品类：职员椅(低背有扶手)
规格(mm)：590×620×(1100～1190)	规格(mm)：590×620×(1010～1100)	规格(mm)：590×620×(930～1020)
材质：布/半皮	材质：布/半皮	材质：布/半皮
颜色：有多种颜色可供选择	颜色：有多种颜色可供选择	颜色：有多种颜色可供选择
参考价格(元)：1996.00(布) 3738.00(半皮)	参考价格(元)：1870.00(布) 3550.00(半皮)	参考价格(元)：1786.00(布) 3486.00(半皮)
说明：配有C形扶手；SY上架；镀铬气压棒；350镀铬铁管脚；尼龙加纤椅轮	说明：配有C形扶手；SY上架；镀铬气压棒；350镀铬铁管脚；尼龙加纤椅轮	说明：配有C形扶手；SY上架；镀铬气压棒；350镀铬铁管脚；尼龙加纤椅轮

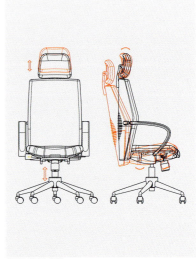

■ 局部功能特点说明

背座1:3同步倾仰

双层扶手连背、座，能让背、座按比例角度倾仰，体现人体工程学特点。同时，椅背还能升降调节以适应人体的需要。

电话:021-59515967/59515974
传真:021-59515139
服务热线:021-59515967

网址:www.allbestchairs.com
E-mail:allbest@allbestchairs.com

品牌国别:中国/日本
生产地区:中国

CHEESE系列
产品编号:CHEESE-01A
品类:职员椅(不包布有扶手)
规格(mm):详见工程图
材质:塑胶(椅背),布(椅座)
颜色:有多种颜色可供选择
参考价格(元):1200.00
说明:配有IO扶手;RT03上架;镀铬气压棒;
银色烤漆铁管脚;尼龙加纤椅轮

CHEESE系列
产品编号:CHEESE-01PA
品类:职员椅(包布有扶手)
规格(mm):600×550×(840～930)
材质:布质
颜色:有多种颜色可供选择
参考价格(元):1340.00
说明:配有RT03升降扶手;RT03上架;镀铬气压棒;
银色烤漆铁管脚;尼龙加纤椅轮

CHEESE系列
产品编号:CHEESE-01
品类:职员椅(不包布有扶手)
规格(mm):600×550×(900～1010)
材质:塑胶(椅背),布(椅座)
颜色:有多种颜色可供选择
参考价格(元):990.00
说明:配有RT03扶手;RT03上架;黑色烤漆气压棒;
320加粗耐纤脚;尼龙加纤椅轮

CHEESE系列
产品编号:CHEESE-01P
品类:职员椅(包布有扶手)
规格(mm):600×550×(900～1010)
材质:布质
颜色:有多种颜色可供选择
参考价格(元):1130.00
说明:配有RT03扶手;RT03上架;黑色烤漆气压棒;
320加粗耐纤脚;尼龙加纤椅轮

CHEESE系列
产品编号:CHEESE-02
品类:职员椅(不包布无扶手)
规格(mm):470×550×(900～1010)
材质:塑胶(椅背),布(椅座)
颜色:有多种颜色可供选择
参考价格(元):938.00
说明:配有RT03上架;黑色烤漆气压棒;
320加粗耐纤脚;尼龙加纤椅轮

CHEESE系列
产品编号:CHEESE-02P
品类:职员椅(包布无扶手)
规格(mm):470×550×(900～1010)
材质:布质
颜色:有多种颜色可供选择
参考价格(元):1078.00
说明:配有RT03上架;黑色烤漆气压棒;
320加粗耐纤脚;尼龙加纤椅轮

上海十美有限公司
地址：上海市嘉定区嘉戬公路立新路25号
邮编：201818

LOOK 系列

LOOK系列是简约的典范，外观简洁、明了。塑胶连体，防褪色、抗氧化，是现代科学及人体工程学的结晶。

电话:021-59515967/59515974
传真:021-59515139
服务热线:021-59515967

网址:www.allbestchairs.com
E-mail:allbest@allbestchairs.com

品牌国别:中国
生产地区:中国

十美

LOOK系列
产品编号:LOOK-04
品类:接待椅(低背有扶手)
规格(mm):580×520×(760~840)
材质:塑胶
颜色:有多种颜色可供选择
参考价格(元):520.00
说明:

LOOK系列
产品编号:LOOK-05
品类:接待椅(低背无扶手)
规格(mm):480×520×(745~825)
材质:塑胶
颜色:有多种颜色可供选择
参考价格(元):460.00
说明:

LOOK系列
产品编号:LOOK-07P
品类:接待椅(低背无扶手)
规格(mm):470×520×810
材质:塑胶
颜色:有多种颜色可供选择
参考价格(元):470.00
说明:弯管脚,座加布

NICE系列
产品编号:NICE6
品类:接待椅(低背有扶手)
规格(mm):590×500×870
材质:塑胶
颜色:有多种颜色可供选择
参考价格(元):540.00
说明:背、座皆可加布,椅脚可加轮

NICE系列
产品编号:NICE7
品类:接待椅(低背无扶手)
规格(mm):480×500×870
材质:塑胶
颜色:有多种颜色可供选择
参考价格(元):500.00
说明:背、座皆可加布,椅脚可加轮,可加写字板

厂商简介:上海十美家具有限公司系外商独资企业,成立于1998年,产品远销全球各个区域,深受客户好评,公司一直致力于尖端产品的开发,与世界知名的办公家具公司——德国KLÖBER公司、法国SOKOA公司、意大利MASCAGINI公司、台湾VOXIM公司以及日本几大公司形成设计开发合作关系。同时,ALL BEST成为德国KLÖBER公司在中国惟一正式授权生产及销售的伙伴。我们力争所生产的产品都能达到世界一流水平,并在未来的日子里将十美打造成为全球知名品牌。

各地联系方式:

总部
地址:上海市嘉定区嘉戬公路立新路25号
电话:021-59515967/59515974
传真:021-59515139

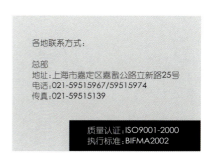

质量认证:ISO9001-2000
执行标准:BIFMA2002

 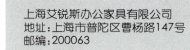

上海艾锐斯办公家具有限公司
地址：上海市普陀区曹杨路147号
邮编：200063

电话:021-52352366
传真:021-52352500

网址:www.aresoffice.com
E-mail:webmaster@aresoffice.com.cn

品牌国别:中国
生产地区:中国

艾 锐

可弹性安装投影、摄影、灯光及音响设备,并以无线网络界面操作。

Smart Cube 系列

艾锐展示中心所陈列的"Smart-Cube"未来空间就是代表性的例子,以"room in room"的概念,架构出一个独立却充满高度信息传递功能的空间。使用者可持笔记本型计算机,透过无线网络控制摄影、简报播放、灯光、音响等系统,让信息的取得无障碍、使用更灵活,同时让同一个空间的功能密度提升到最高。

上海艾锐斯办公家具有限公司
地址：上海市普陀区曹杨路147号
邮编：200063

D-MOLO Bar
品类：吧台
规格(mm)：6000×1320×1320
材质：钢板、塑料、铝合金、杉木
颜色：石墨黑/醇酒红/土耳其蓝/
金属银/灰白色（脚部侧板）
参考价格(元)：详细价格请咨询厂商
（价格随产品功能变化而不同）
说明：散发自然香气的原木吧台，伫立在
杉木桌面的吧台边，偶尔小酌，抑或
以网络和友人愉快地交谈或讨论公
事——D-molo为交流休憩的场合创
造了崭新的提案

D-MOLO 系列

"Molo"这个字，源自意大利语中的"桥墩"。D-MOLO则援引高架桥墩的构成概念，以作为数字时代工作者的"办公室基础建设"为设计灵感，顺势发展而生。D-MOLO不仅只是单一形态，更可以持续进化，依使用者的需求选择多功能的配件组合与架构变化。曾获日本"G Mark"设计大奖。

电话:021-52352366
传真:021-52352500

网址:www.aresoffice.com
E-mail:webmaster@aresoffice.com.cn

品牌国别:中国
生产地区:中国

艾 锐

D-MOLO 接待柜台
品类:接待柜台
规格(mm):6400×760×2535
材质:钢板、塑料、铝合金、板材
颜色:石墨黑/醇酒红/土耳其蓝/金属银/灰白色(脚部侧板)
参考价格(元):详细价格请咨询厂商(价格随产品功能变化而不同)
说明:D-MOLO接待柜台可以轻易架设荧幕,作为传递动态资讯的招牌或电子布告栏;荣获日本Good Design Award优秀设计产品奖

上海艾锐斯办公家具有限公司
地址：上海市普陀区曹杨路147号
邮编：200063

电话:021-52352366
传真:021-52352500

网址:www.aresoffice.com
E-mail:webmaster@aresoffice.com.cn

品牌国别:中国
生产地区:中国

艾 锐

D-MOLO 工作站
品类:工作站
规格(mm):3520×1050×1300
材质:钢板、塑料、铝合金、板材
颜色:石墨黑/醇酒红/土耳其蓝/金属银/灰白色(脚部侧板)
参考价格(元):详细价格请咨询厂商(价格随产品功能变化而不同)
说明:D-MOLO作业台面不但兼顾强度、耐用性、机能性与价格竞争力,其商品形式也极富变化,除了钢制、木制等标准类型外,也具备了冷峻前卫的铝合金材质以及清澈透明的玻璃材质

■ 局部功能特点说明
■ 1. Platform成为系统发散基础的"共同基座",于两只molo脚上,架上横梁,并装上桌板支撑架,就成为work-ware的基础,也是共同基座的最小单位,串联这些单位,就能构成工厂网路架构贯穿其中的连续性基座
■ 2. D-molo桌上屏
■ 3. 垂直走线链
■ 4. 挂轨面板内可走线
■ 5. D-molo书架及走道灯

■ 备选颜色

灰白色 　 石墨黑 　 醇酒红 　 土耳其蓝 　 金属银
棕褐色(P-G03) 深青绿(P-G06) 晚霞红(P-G07) 冰川蓝(P-G13) 闪铁灰(P-E05) 罗蓝紫(P-H01)
军舰蓝(P-H03) 浅藏青(P-A13) 明灰白(P-F01) 茄紫色(P-H05) 可可棕(P-A14) 韭黄色(P-E02)

白山毛榉(2726) 灰白色(N-8) 金属银 亮灰色(905)

上海艾锐斯办公家具有限公司
地址：上海市普陀区曹杨路147号
邮编：200063

A-PLUS 系列

A-PLUS 主管桌拥有稳定的结构系统，造型散发出完美吸引力，让您的办公空间围绕在充满现代感的氛围中。在市场竞争激烈的时代，A-PLUS 让您的办公室成为企业决策的最佳场所。

A-plus主管桌
品类：主管桌
规格(mm)：1800×2000×740（含侧桌）
材质：铝合金、板材、钢化玻璃
颜色：铝合金阳极色
参考价格(元)：4680.00
说明：以领导新潮流，启用新技术，引用新材料，导入新理念为原则，采用高科技铝合金材料，表面阳极处理，外露结构设计，展现高科技色彩展现科技化的设计意象，并荣获2002年德国IF Design Award China奖

■ 局部功能特点说明
1. 特殊玻璃桌面与具有金属质感的液晶荧幕转盘。
2. 整合式电源座(PCM)，搭配美观的铝质走线槽，便利设备之电源及线路接泊，提升行动工作力。
3. 搭配精致收纳侧柜，整体设计独特出众。

电话:021-52352366
传真:021-52352500

网址:www.aresoffice.com
E-mail:webmaster@aresoffice.com.cn

品牌国别:中国
生产地区:中国

艾 锐

X+Y四人工作站
品类:工作站
规格(mm):1500×1500×1140(每个座位)
材质:铝合金、板材、钢化玻璃
颜色:铝合金阳极色
参考价格(元):4780.00(价格随产品组合变化而不同)
说明:X+Y四人工作站设计成特殊的S形曲线,采用铝合金结构,可依需求衔接弧形桌面,优异延伸性,实现桌面空间随意运用的理想,让工作更加顺畅;新型薄屏风采用独特设计,可随意更换表面材料,具有视觉美感,增添您无拘无束的办公室生活情趣

COIN-TT弹性工作桌
品类:办公桌
规格(mm):1800×900×740
材质:铝合金、板材、钢化玻璃
颜色:铝合金阳极色
参考价格(元):3765.00
说明:COIN-TT工作桌适合即兴作业,让团队在有限时间内完成机动任务,大幅提高工作效率;简单率直的线条设计,充分符合效率取向的工作精神,是临时团队里有效沟通的最佳平台;桌面中央的电源插槽,便利团队成员使用各种工作设备

■ 局部功能特点说明
■ 1. 美耐板会议转角桌板、喷砂玻璃桌屏。
■ 2. 设计独特的弧形投射灯,提供柔和的间接照明光源。
■ 3. 屏风面板充分利用垂直空间,可以提供多款吊挂,满足办公环境整体需求。
■ 4. 走线功能强大,包含水平线与垂直线两个方向的走线功能,使得配线与查线更为便利畅通。
■ 5. 整个系统可完全散件组装,拆卸方便,组装灵活。

上海艾锐斯办公家具有限公司
地址：上海市普陀区曹杨路147号
邮编：200063

OPS 系列

Ops——古希腊掌管播种及丰收之天神，Ops屏风=Ops=开创型屏风系统。

OPS屏风
品类：屏风
规格(mm)：1400×1400×1295
（每个座位）
材质：铝合金、钢板、板材、塑料
颜色：框材收边为铝合金阳极色
参考价格(元)：5295.00（价格随产品组合变化而不同）
说明：厚屏与薄屏的完美结合，整合厚屏强大的走线系统，展示薄屏的整体外观效果

■ 局部功能特点说明
■ 1. 专用弯管脚
■ 2. 专利结构设计
■ 3. 垂直空间的充分利用
■ 4. 顶置遮屏

METIS 系列

Metis——古希腊掌管智慧之天神，Metis屏风=Metis=智能型屏风系统，商品本身能为客户考虑节省成本的配置。

Metis屏风
品类：屏风
规格(mm)：产品组合不同，规格尺寸不同
材质：铝合金、钢板、板材、塑料
颜色：框材收边为铝合金阳极色
参考价格(元)：详细价格请咨询厂商
（价格随产品组合变化而不同）
说明：Metis屏风系列，造型精致轻巧，让您享受兼顾隐私与自由的办公空间，提高工作效率

■ 局部功能特点说明
■ 1. 完尽的收纳功能。
■ 2. 面板式书架，有香槟色和闪银色两种。
■ 3. 走线孔容量：直径8mm的电源线15根；直径5mm的网络线20根；直径4mm的电话线25根。
■ 4. 垂直走线链，大容量走线设计，可以从框架内或踢脚板走线，且强弱电可完全分离；进线方式灵活，可从天花板、地板、墙壁进线。
■ 5. 全新移动门理念，64mm块状屏风极具现代感，多种面板材质，功能齐全。
■ 6. 1.5mm厚铝挤型材框架结构，有120°转角。

电话:021-52352366
传真:021-52352500

网址:www.aresoffice.com
E-mail:webmaster@aresoffice.com.cn

品牌国别:中国
生产地区:中国

艾　锐

Nest
品类:沙发
规格(mm):1920×720×900(三人座)
材质:金属电镀脚、柳安木内材、泡棉、沙发布
颜色:有多种布色可供选择
参考价格(元):4215.00(不含茶几)
说明:几何造型设计,造型简约现代感,置于主管区或接待区,均能展现极佳的空间效果

Dune Chair
品类:接待椅
规格(mm):1600×580×460
材质:实木面贴枫木皮
颜色:枫木色
参考价格(元):6100.00
说明:水纹流线造型,枫木材质的优雅质感,衬托出高雅的感性空间

Meet
品类:沙发
规格(mm):635×710×830
材质:柳安木内材、泡棉、沙发布
颜色:多种布色可供选择
参考价格(元):1985.00
说明:搭配会客圆桌系列,流线造型,适合会议、洽谈、接待、休闲,为全方位型办公沙发

Cuba
品类:沙发
规格(mm):2010×800×705(三人座)
　　　　　910×800×705(单人座)
　　　　　1400×700×380(大茶几)
　　　　　700×700×380(小茶几)
材质:金属电镀脚、柳安木内材、泡棉、沙发布(沙发);金属电镀脚、枫木桌板(茶几)
颜色:沙发有多种布色可供选择
参考价格(元):10050.00
说明:选用触感细致的香奈儿纱,典雅端庄,为您带来恬静舒适的氛围

Segno
品类:沙发
规格(mm):760×580×790(沙发)
　　　　　400×350×650(茶几)
材质:金属电镀脚、柳安木内材、泡棉、沙发布(沙发);金属电镀脚、美耐板枫木桌板(茶几)
颜色:沙发有多种布色可供选择
参考价格(元):5350.00
说明:圆形造型、搭配多功能茶几,是接待及洽谈的最佳组合

上海艾锐斯办公家具有限公司
地址：上海市普陀区曹杨路147号
邮编：200063

ACE 克里特
品类：座椅
规格(mm)：760×720×(1190~1270)
材质：半皮/合成皮表面，实木椅脚
颜色：黑色(表面)，深胡桃木色/枫木色(椅脚)
参考价格(元)：4390.00（高背有扶手、半皮）
说明：采用上乘皮质饰面配以胡桃木拱形座座，环状一体的扶手包覆造型设计突破传统

ACA 希拉
品类：座椅
规格(mm)：695×610×(1160~1240)
材质：半皮/合成皮(表面)，尼龙(椅脚)
颜色：黑色
参考价格(元)：4360.00（高背有扶手、半皮）
说明：标准升降扶手，高背椅头枕可调节高度和角度，最佳的舒适和支撑

ACH 艾尔森
品类：座椅
规格(mm)：640×580×(1140~1210)
材质：半皮/合成皮(表面)，尼龙/铝合金/电镀弯管(椅脚)
颜色：黑色
参考价格(元)：2530.00（高背有扶手、铝合金椅脚、半皮）
说明：提供可调节的腰靠设计，铝合金抛光扶手，铝合金或塑料五爪脚座及电镀弓形脚座

ACJ 尼奥
品类：座椅
规格(mm)：684×680×(1200~1280)
材质：半皮/合成皮(椅座)，半皮/合成皮/网布(椅背)
颜色：黑色(半皮/合成皮)，灰色/黑色/红色(网布)
参考价格(元)：2555.00（高背有扶手、半皮座、半皮背）
说明：三维可调扶手及可调头枕；有高背、中背座椅及客座弓形脚椅，网布及皮面椅背可供选择

ACF 艾尔斯
品类：座椅
规格(mm)：620×650×(1180~1260)
材质：半皮/合成皮(表面)，铝合金/电镀弯管(椅脚)
颜色：黑色(半皮、合成皮)
参考价格(元)：2965.00（高背、前置式倾仰机构，铝合金椅脚、半皮）
说明：备有高、中背主管座椅及访客座椅

ACV 维纳斯
品类：座椅
规格(mm)：615×590×(1230~1330)
材质：透气皮/合成皮/半皮(椅座)，网布(椅背)，铝合金(椅脚)
颜色：黑色(半皮/合成皮)，灰色/黑色/红色(网布)
参考价格(元)：2120.00（透气皮座、网背、高背有扶手）
说明：头枕高度调校，三维扶手调校，腰椎承托调校和同步倾仰机关；高背椅款的头枕颜色同椅座颜色

ACT 泰坦
品类：座椅
规格(mm)：610×685×(965~1035)
材质：半皮/合成皮/透气皮(椅座)，半皮/合成皮/网布(椅背)
颜色：黑色(半皮、合成皮)
参考价格(元)：3475.00（连动式倾仰机构、铝合金椅脚、透气座、网背）
说明：内藏式的腰靠与动态倾仰系统可因应人的腰椎形态与坐姿而作适合调整；拉力调整功能可因人的体重调整倾仰所需的力度，减低对腰椎的压力；前垂式的椅座可降低大腿压力而避免血液循环的阻力

ACS 阿萨纳
品类：座椅
规格(mm)：640×590×(1160~1240)
材质：铝合金/尼龙/烤漆弯管(椅脚)
颜色：黑色(椅座)，蓝色/苹果绿色/黑色/酒红色/橘色/浅灰色(椅背)
参考价格(元)：2945.00（尼龙椅脚、高背有扶手）
说明：腰靠经过强化设计，依不同人体尺寸进行调整；多段式同步仰倾机构，专用弹性透气布，让长时间工作者享受最佳的座椅舒适性

电话：021-52352366
传真：021-52352500

网址：www.aresoffice.com
E-mail:webmaster@aresoffice.com.cn

品牌国别：中国
生产地区：中国

OLYMPUS
品类：会议桌
规格(mm)：4500×2000×740
材质：白影木皮、金属美耐板
颜色：白影木色，另有枫木及胡桃木皮色可供选择
参考价格(元)：36955.00
说明：最先进科技化会议桌，造型简洁流畅，可隐藏投影机等数位设备，兼具收纳线路及电源、网路配线功能，为现代化电子会议最佳选择

A-plus玻璃会议桌
品类：会议桌
规格(mm)：2100×1200×740
材质：铝合金、钢化玻璃
颜色：铝合金阳极色
参考价格(元)：5750.00
说明：A-PLUS玻璃会议桌极具现代风格特色，作为接待至会议桌，更能展现不凡的企业形象

AE-14主管桌
品类：主管桌
规格(mm)：1760×880×750(主桌)
　　　　　1200×450×750(侧桌)
　　　　　900×420×750(后柜)
材质：铝合金、胡桃木
颜色：浅胡桃木色染棕色
参考价格(元)：17730.00
说明：铝合金搭配木质，兼具科技与时尚，智慧主管办公室的最佳选择

AE-13主管桌
品类：主管桌
规格(mm)：2160×900×740(主桌)
　　　　　1200×550×660(侧桌)
　　　　　2000×500×740(后柜)
材质：深胡桃木
颜色：深胡桃木色
参考价格(元)：20175.00
说明：厚实造型，沉稳的原木色系，创造出大方智慧领导风格

上海艾锐斯办公家具有限公司
地址：上海市普陀区曹杨路147号
邮编：200063

Team By wellis
品类：主管桌
规格(mm)：2400×1000×720(桌)
　　　　　432×550×800(柜)
材质：铝合金、枫木
颜色：黑色枫木
参考价格(元)：详细价格请咨询厂商(进口品价格因汇率浮动而变动)
说明：瑞士顶级工艺代表作，整体造型极具现代感，荣获德国iF及red dot设计大奖，为办公室诠释最佳时尚美学

电话:021-52352366
传真:021-52352500

网址:www.aresoffice.com
E-mail:webmaster@aresoffice.com.cn

品牌国别:中国
生产地区:中国

Volare
品类:文件柜/储藏柜
规格(mm):2543×486×669
材质:铝制柜体、磨砂玻璃柜门
颜色:银灰色柜体
参考价格(元):详细价格请咨询厂商
（进口品价格因汇率浮动而变动）
说明:线条明快,欧式极简风格,兼具
功能性与设计美感

Container e_serie
品类:文件柜/储藏柜
规格(mm):540×1170
材质:玻璃柜体
颜色:透明柜体、银灰色框架
参考价格(元):详细价格请咨询厂商
（进口品价格因汇率浮动而变动）
说明:内置射灯

Uchida Cast Chair
品类:办公椅
规格(mm):631×545×(877～997)
材质:铝合金、塑料、泡棉、布
颜色:有多种布色可供选择
参考价格(元):详细价格请咨询厂商
（进口品价格因汇率浮动而变动）
说明:曾荣获日本G Mark优良设计大奖,
兼顾设计美感与人体工程学

Uchida Ludio Chair
品类:办公椅
规格(mm):615×545×(877～997)
材质:塑料椅脚、PU椅轮、
D形固定式扶手
颜色:橘色、蓝色、绿色、红色(椅背),
黑色(椅脚)
参考价格(元):详细价格请咨询厂商
（进口品价格因汇率浮动而变动）
说明:多段连动倾仰机构,兼具多种调整
功能与时尚美学

PARRI Hoop Chair
品类:公共座椅
规格(mm):1800×535×788
材质:PP塑料、金属电镀
颜色:有多种颜色可供选择
参考价格(元):详细价格请咨询厂商
（进口品价格因汇率浮动而变动）
说明:来自意大利的创新设计品牌,造型
轻巧大方,适合接待空间、公共空间,
品味形象,卓越非凡

上海艾锐斯办公家具有限公司
地址：上海市普陀区曹杨路147号
邮编：200063

APOLLO 系统柜

APOLLO系统柜具有暗卡，任何状态下抽屉均不会自动倾出，确保使用安全；安全卡锁设计，保证同时只能打开一个抽屉，防止柜子倾倒；有止滑缓冲材质，抽拉开关都不会发出金属噪声；可调节水平高度。

APOLLO
品类：系统柜
规格(mm)：900×450×1050(每个柜体)
材质：钢板、塑料
颜色：碳黑色本体、乳白色面板
参考价格(元)：详细价格请咨询厂商(价格随产品功能变化而不同)
说明：采用优质滑轨，内部5个滑轮，前后轮使用轴承，开启平滑顺畅，坚固耐用；通过承重50kg5万次抽拉试验，拉力不大于2kg

■ 局部功能特点说明
■ 1. 斜角薄收边造型，具有暗卡、安全卡锁设计
■ 2. 色彩化专属把手
■ 3. 开门柜(门开180°)
■ 4. 可依文件、物品大小随意调节的插片功能
■ 5. 暗卡安全卡锁设计
■ 6. 十轮复式滑轨可承重50kg
■ 7. 高度调节功能
■ 8. 锁具体贴设计，不易折断

电话:021-52352366
传真:021-52352500

网址:www.aresoffice.com
E-mail:webmaster@aresoffice.com.cn

品牌国别:中国
生产地区:中国

Bring future into office 开拓办公空间新视界

这句企业标语,象征艾锐斯对未来的探寻;我们将从人性需求出发,期许永远走在客户之前,提出超乎客户预期的办公环境规划。这是我们超越其他OA厂商的关键,也是艾锐斯迈向亚太华人地区"办公家具第一品牌"企业远景的根基。

一如品牌标语"Bring future into office"所描绘,艾锐斯致力探寻工作空间的无限可能,把最美好的未来带入办公室。

立足在"Ubiquitous资讯随在"的概念基础上,艾锐斯除了家具顾问服务专业,更扩展格局、掌握趋势,积极综整空间环境概念与情报科技,提供从办公家具、空间设计、软硬体规划、资讯系统整合,延伸到建物施作的全方位服务项目。

艾锐斯的办公环境"全方位整合服务蓝图"包含:
- 家具设备创新 / Equipment Solution
- 空间设计规划 / Workspace Solution
- 数位科技整合 / E-Communication Solution

这三个服务领域涵盖了工作场所的绝大需求,更是国内首创的办公环境"家具——空间——信息"全面解决方案(Total Solution);不但让"Ubiquitous资讯随在"理想在工作环境中实现,也成为国内办公环境"全方位整合服务"的惟一提供者。

厂商简介:艾锐斯办公家具在创立之初即构建完整的国际布局,股东皆是稳健的国际集团,企业据点及生产线亦涵盖台湾与中国大陆,不但扩大可深耕的潜在市场,同时也能善用两岸高度弹性的行销、研发与产品供应链资源优势。在核心的办公家具产品开发方面,艾锐斯专注于设计与规划,产品的制作生产则与专业协力厂商密切合作,如此可以在品质、速度与价格上取得最大优势。除了专注于办公环境的空间及家具规划之外,艾锐斯率先超越同业,与股东"UCHIDA内田洋行"、"佳能企业"进行跨国技术合作,除了国际顶尖观念的导入,IT硬体设备的整合,更规划引进如RFID(无线射频辨识)等先进IT技术,实际应用于环境规划中。因此,艾锐斯掌握了IT时代办公环境规划中"软硬体设备整合能力"这项关键因素,摒除价格竞争诉求,艾锐斯以专业的规划与服务为企业核心价值。未来艾锐斯将持续发挥跨国合作的综效力量,将最贴心的服务贡献给客户,并朝着实现达成大中华经济圈"办公环境服务第一品牌"的目标迈进。

各地联系方式:

浦东分公司
地址:上海市浦东青平路58号15楼B座
电话:021-58301247/58305871
传真:021-58309099

徐汇分公司
地址:上海市徐汇区中山西路2366弄华鼎广场2号楼2502室
电话:021-64394705/27382210
传真:021-64394706

黄浦分公司
地址:上海市黄浦区延安东路385号瑞福大厦309室
电话:021-63287166
传真:021-63286773

静安分公司
地址:上海市普陀区曹杨路86-88号601室
电话:021-62447601/62447602
传真:021-62447611

昆山分公司
地址:江苏省昆山市樾城路115-12号
电话:0512-57384580/57384582
传真:0512-57384581

代表工程:神州数码通用软件(上海)有限公司　上海奇钛化工科技有限公司　上海证大商旅投资有限公司

质量认证:ISO9001-2000

AURORA

上海震旦家具有限公司
地址：上海市嘉定区申霞路369号
邮编：201818

电话:021-59161010
传真:021-59165444
服务热线:800-820-6668

网址:www.aurora.com.cn
E-mail:henry@aurora.com.cn

品牌国别:中国
生产地区:中国

A 震旦

杜卡尔系列

杜卡尔系列是全新推出的屏风产品,其框架、面板、桌板、周边设备均为模块化设计,可满足各种办公空间的需求。该款产品是目前最完善的系统家具之一,设计中充满尊贵与灵性,标志着块状系统的新高度。

杜卡尔系列
产品编号:DUCA Ⅱ
品类:屏风工作站
规格(mm):(740~2140)×(450~1600)
材质:铝合金框架,钢质烤漆面板/贴布面板/美耐板面板/木制面板(屏风)
颜色:深银灰色、黑色
参考价格(元):3500.00~4500.00(单人位)
说明:各种尺寸随意组合

■ 局部功能特点说明

文具吊挂　书架　钢管脚
标示牌　吊柜　遮屏

■ 备选材质

木质　美耐板/三聚氰胺板　铝合金　钢　玻璃　艺术布

AURORA

上海震旦家具有限公司
地址：上海市嘉定区申霞路369号
邮编：201818

御天下系列
产品编号：EX-26
品类：班台
规格(mm)：3210×1200×760/3000×1200×760
材质：酸枝木/胡桃木
颜色：W-101
参考价格(元)：30000.00~40000.00
说明：含走线收纳功能、电源供应整理及档案整理等

■ 局部功能特点说明

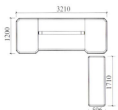
中抽

电源走线盖

把手

桌脚电源管理

电源管理与走线预留孔

电话:021-59161010
传真:021-59165444
服务热线:800-820-6668

网址:www.aurora.com.cn
E-mail:henry@aurora.com.cn

品牌国别:中国
生产地区:中国

震旦

御天下系列
产品编号:MT-26
品类:会议桌
规格(mm):4600×1600×760/2800×1200×760
材质:酸枝木/胡桃木
颜色:W-101
参考价格(元):25000.00~30000.00/17000.00~22000.00

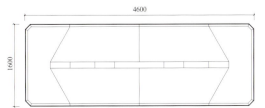

■ 局部功能特点说明

电源

走线盖板

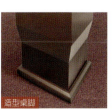
造型桌脚

AURORA

上海震旦家具有限公司
地址：上海市嘉定区申霞路369号
邮编：201818

Castle系列
品类：主管桌
规格(mm)：1600×700×740
材质：铝合金、玻璃
颜色：透明、银色
参考价格(元)：3500.00～4000.00

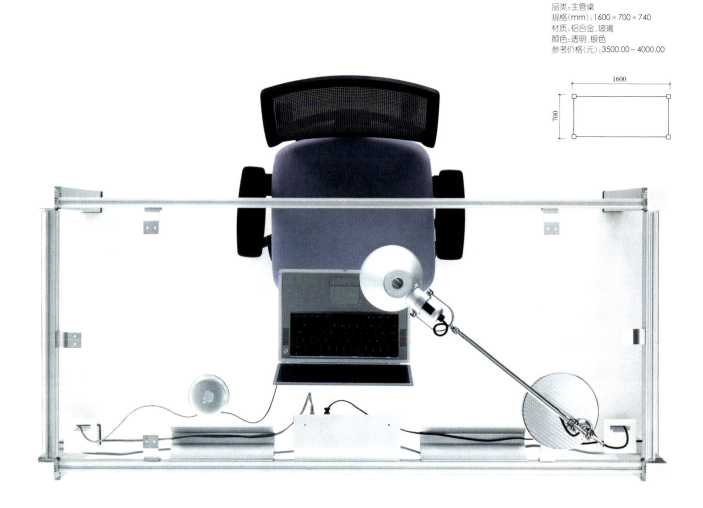

Castle 系列

Castle系列独立桌以历史文化中的"城堡"概念为原始出发点，结合现代家具设计理念，将城堡建筑的特有元素转化成现代简洁线条，并传达城堡团结战斗力之意念，呼唤现代办公空间的凝聚精神。

■ 局部功能特点说明　　　　　　　　　　　　　　　■ 可选配件

电源盒设计　　走线功能　　出线孔　　书架

电话:021-59161010
传真:021-59165444
服务热线:800-820-6668

网址:www.aurora.com.cn
E-mail:henry@aurora.com.cn

品牌国别:中国
生产地区:中国

Castle系列
品类:主管桌
规格(mm):1800×1900×740
材质:铝合金、美耐板、钢
颜色:枫木色(美耐板)、银色(铝合金)、雪白色(钢)
参考价格(元):5000.00~6000.00

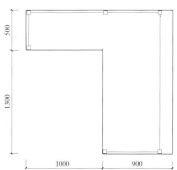

Castle系列
品类:前台桌
规格(mm):3000×700×1200
材质:铝合金、美耐板、钢
颜色:银色(铝合金)、雪白色(美耐板、钢)
参考价格(元):8000.00~10000.00

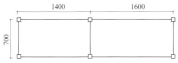

■ 局部功能特点说明

独特的桌脚造型设计

AURORA

上海震旦家具有限公司
地址：上海市嘉定区申霞路369号
邮编：201818

Hather 海瑟系列

Hather 海瑟系列办公椅整体采用仿生学设计，结合贝壳的外形与其"坚硬"的象征意义，表达了使用舒适和保护人体的双重内涵。

Hather海瑟系列
产品编号：CDN-03GT
品类：职员椅
规格(mm)：620×585×890
材质：一体成型阻燃泡棉、塑胶椅壳
颜色：FA-W05
参考价格(元)：800.00

Hather海瑟系列
产品编号：CDN-01GTD
品类：职员椅
规格(mm)：620×635×985
材质：一体成型阻燃泡棉、塑胶椅壳
颜色：FA-W08
参考价格(元)：1000.00

Hather海瑟系列
产品编号：CDN-03GT
品类：职员椅
规格(mm)：620×585×890
材质：一体成型阻燃泡棉、塑胶椅壳
颜色：FA-W07
参考价格(元)：800.00

Hather海瑟系列
产品编号：CDN-01GT
品类：职员椅
规格(mm)：620×635×985
材质：一体成型阻燃泡棉、塑胶椅壳
颜色：FP-W04
参考价格(元)：900.00

Hather海瑟系列
产品编号：CDN-04GT
品类：职员椅
规格(mm)：505×585×890
材质：一体成型阻燃泡棉、塑胶椅壳
颜色：FA-W06
参考价格(元)：700.00

■ 备选颜色

| FP-W04 | FA-W05 | FA-W06 | FA-W07 | FA-W08 | FA-W01 | FP-W02 | FP-W03 | BC-100 |

电话:021-59161010
传真:021-59165444
服务热线:800-820-6668

网址:www.aurora.com.cn
E-mail:henry@aurora.com.cn

品牌国别:中国
生产地区:中国

A 震旦

Form 系列

产品编号:SL-05R
品类:大扇型沙发
规格(mm):(550/1080)×690×730
材质:一体成型阻燃泡棉、钢管电镀脚
颜色:黄色
参考价格(元):2000.00

产品编号:SL-05L
品类:直线型沙发
规格(mm):700×690×730
材质:一体成型阻燃泡棉、钢管电镀脚
颜色:黑色
参考价格(元):1500.00

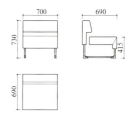

厂商简介:上海震旦家具有限公司集生产、销售、服务、培训于一体,震旦家具的行销网点遍布全国各地,以独到的设计理念、优异的产品质量、完善的售后服务得到广大用户的一致赞营,并且一贯以积极乐观的态度,坚定奋发的毅力,同心协力,实现"同仁乐意"、"顾客满意"、"经营得意"的理念,追求震旦办公家具的永续经营。

各地联系方式:

上海
地址:上海市浦东新区富城路99号震旦国际大楼10楼
电话:021-68598818

青岛
地址:山东省青岛市香港中路12号丰合广场B302室
电话:0532-85026762

厦门
地址:福建省厦门市鹭江道8号国际银行大厦7层EF单元
电话:0592-2261866

南京
地址:江苏省南京市洪武路23号隆盛大厦1508室
电话:025-86899619

长春
地址:吉林省长春市胜利大街498号吴太商务中心11层
电话:0431-2957741

香港
地址:香港北角健康东街39号柯达二期20楼2009B-2012室
电话:00852-25375883

温州
地址:浙江省温州市新城大道物华天宝发展大厦9D2
电话:0577-88922187

广州
地址:广东省广州市天河体育中心西路111号建和中心大厦10楼E座
电话:020-38791802

台北
地址:台北市健康路156号10楼
电话:00886-02-55818588

北京
地址:北京市建国门内大街7号光华长安大厦1座501室
电话:010-65102268

产品编号:SL-05T
品类:小扇型沙发
规格(mm):(1080/550)×690×730
材质:一体成型阻燃泡棉、钢管电镀脚
颜色:红色
参考价格(元):2000.00

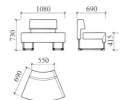

代表工程:中央电视台 中国工商银行 联想集团 肯德基 海信集团 希尔顿酒店 太平洋保险 红塔集团

质量认证:ISO9001 ISO14001

阿旺特家具制造有限公司
地址：上海市松江区九亭镇盛龙路865弄6号
邮编：201615

瑞典斯特哥尔摩IBM北欧商业中心

设计大师约里奥·库卡波罗

芬兰AVARTE OY公司是北欧著名的家具企业之一，云集了以库卡波罗教授领衔的多位北欧著名的家具设计师。上海阿旺特家具制造有限公司自1998年起与芬兰AVARTE OY公司合作，已成功地本土化研发和制造了库卡波罗教授九大系列产品。阿旺特产品崇尚简约的设计风格，致力于将人体工效学研究成果应用于现代家具设计，注重细节处理，追求卓越品质。

卡路赛利系列
产品编号：412
品类：休闲椅
规格(mm)：975×800×920
材质：牛皮表面，玻璃钢底座
颜色：黑色
参考价格(元)：22072.00
说明：卡路赛利是库卡波罗的早期作品，也是他最为经典的一款座椅，用玻璃钢与皮质材料完美地解释了卡路赛利超现代主义的设计特点，极其人性化的设计再一次告诉人们功能主义设计的真谛

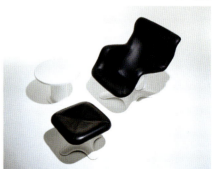

电话:021-67691488
传真:021-67691407

网址:www.AVARTE-RISON.com
E-mail:contact@avarte-rison.com

品牌国别:芬兰
生产地区:中国

A 阿旺特

芬兰爱森堡DIPOLI会议中心

瑞典斯特哥尔摩音乐厅

芬兰赫尔辛基VUOSAARI图书馆

丰托思系列

■ 局部功能特点说明

■ 1、2. 可以轻松安装和拆卸写字板(542、544型专有)。
■ 3. 可以方便地连接成排椅。
■ 4. 可以叠放收起,便于储存。小推车的钢管分别为Ø19和Ø25,壁厚1.5mm。

丰托思系列
产品编号:522(左)/524(右)
品类:会议椅/办公椅
规格(mm):580×613×(940~1040)
605×613×(1020~1120)
材质:羊毛/布艺/牛皮表面
颜色:可根据客户要求订制
参考价格(元):1800.00/1925.00
说明:适合办公、会议、培训等场合

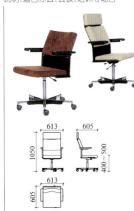

丰托思系列
产品编号:532(左)/534(右)
品类:会客椅/会议椅
规格(mm):610×590×830
640×590×920
材质:羊毛/布艺表面、喷塑支架
颜色:可根据客户要求订制
参考价格(元):1195.00/1130.00
说明:适合会议、礼堂、休闲、培训等多种场合使用

丰托思系列
产品编号:542(左)/544(右)
品类:低/高背多功能椅
规格(mm):605×545×815
625×545×980
材质:羊毛/布艺表面、喷塑支架
颜色:可根据客户要求订制
参考价格(元):763.00/853.00
说明:座椅结构简单,排列放置美观且颇有气势

丰托思系列
产品编号:552(左)/554(右)
品类:低/高背多功能椅
规格(mm):590×550×850
590×550×1015
材质:羊毛/布艺表面、不锈钢支架
颜色:可根据客户要求订制
参考价格(元):1354.00/1389.00
说明:座椅结构简单,排列放置美观且颇有气势

AVARTE RISON

阿旺特家具制造有限公司
地址：上海市松江区九亭镇盛龙路865弄6号
邮编：201615

瑞典斯特哥尔摩大剧院

法国马赛歌剧院

产品编号：丰托思剧场椅
品类：剧场椅
规格(mm)：640×550×940
材质：羊毛/布艺/牛皮表面，喷塑支架
颜色：可根据客户要求订制
参考价格(元)：1564.00
说明：丰托思剧场椅是库卡波罗大师数个标准礼堂椅之一；椅子的形式是库卡波罗和建筑师密切合作的结果，从而达到与整体建筑设计的充分配合

产品编号：赛可思剧场椅
品类：剧场椅
规格(mm)：660×550×940
材质：羊毛/布艺/牛皮表面
颜色：可根据客户要求订制
参考价格(元)：详细价格请咨询厂商
说明：库卡波罗为礼堂设计的几个标准化座椅系统之一，赛可思系列的延伸，符合人体工学的设计，多和的色彩选择符合剧场的装饰空间，空间占用少，便于清洁；可收缩后背写字板

芬兰爱森堡电子技术学院

瑞典斯特哥尔摩爱立信公司

产品编号：思可乐剧场椅
品类：剧场椅
规格(mm)：610×550×1110
材质：羊毛/布艺/牛皮表面，喷塑支架
颜色：可根据客户要求订制
参考价格(元)：1299.00
说明：库卡波罗为礼堂设计的几个标准化座椅系统之一，平整的结构使思可乐特别适用于学校和培训机构；椅角的设计使移动该座椅变得极为便利，写字板有折叠和固定两种形式选择

产品编号：455
品类：办公椅/会议椅/礼堂椅
规格(mm)：690×630×1210
材质：羊毛/布艺/牛皮表面
颜色：可根据客户要求订制
参考价格(元)：3271.00
说明：丰思奥系列的座椅外形完全根据人体的生理形状和尺寸设计，使座者身体的每个部位都保持健康舒适的状态，通过改变座位的高度和头枕位置，身高界于150cm和190cm之间的使用者都可获得合理健康的坐姿

电话:021-67691488
传真:021-67691407

网址:www.AVARTE-RISON.COM
E-mail:contact@avarte-rison.com

品牌国别:芬兰
生产地区:中国

阿旺特

日内瓦国际会议中心

A系列
产品编号:A502
品类:礼堂椅/休闲椅/会客椅
规格(mm):615×550×845
材质:羊毛、布艺表面、喷塑支架
颜色:可根据客户要求订制
参考价格(元):860.00
说明:A500系列的设计致力于以最经济的方法来研究和解决有关座椅的工效学、结构和审美问题;A500系列可以通过改变部件的颜色,达到配合室内环境氛围的目的;顾客也可以根据自己的喜好来组合色彩搭配

芬兰PWH咨询顾问有限公司

VISUAL系列
产品编号:Visual 100
品类:办公桌/会议桌/会客桌/培训桌
规格:(800~1200)×720(标准规格)
材质:MDF三聚氰胺饰面、
　　　防火板桌面、
　　　PU彩色防撞饰边
颜色:可根据客户要求订制
参考价格(元):3280.00
　　　　(圆形办公桌)
说明:Visual 100是一种灵活的模数化的办公组合家具,他在80年代中期即已开发出来,以适应个人电脑的广泛使用;设计的宗旨是生产出一种轻型的家具,以区别于目前使用的沉重的办公家具,设计的灵感来源建筑师使用的传统桌子的简洁性

赫尔辛基001广告代理公司

M5系列
产品编号:M5
品类:会客椅/会议椅
规格(mm):575×560×830
材质:布艺表面、喷塑支架
颜色:可根据客户要求订制
参考价格(元):922.00
说明:同样在结合现代美学的同时,M5仍旧保持了库卡波罗倡导的功能主义;每一个结构都体现了人性化设计,同时也是可以层叠放置的

芬兰赫尔辛基城市剧院

稳托思系列
产品编号:50-3U
品类:排椅
规格(mm):570×1710×440
材质:羊毛/布艺/牛皮表面
颜色:可根据客户要求订制
参考价格(元):2614.00
说明:稳托思系列是特别为等候室设计的;库卡波罗使用一种轻型的梁式结构使家具和地面之间接触点达到最少,便于清洁,凳面用胶合板压制而成,其他部件的开发始终以人体工程学思想为指导,因此即便长时间使用也仍然非常舒适

厂商简介:阿旺特(AVARTE RISON)家具制造有限公司是一家专业的公共家具制造商,致力于芬兰AVARTE OY公司旗下以当代国际家具设计大师库卡波罗教授领衔的多位著名家具设计师作品的制造和销售,是AVARTE OY惟一海外授权制造商和远东惟一授权销售商。

代表工程:瑞典斯特哥尔摩大学会堂　丹麦哥本哈根中心剧院　荷兰鹿特丹科学院礼堂　芬兰赫尔辛基国家健康和福利研究发展中心　瑞典斯特哥尔摩INFRA城　德国柏林国立图书馆　中国深圳家具设计开发研究院

上海飞灵家具制造有限公司
地址：上海市长宁区北祥路58号
邮编：200335

产品编号：L3601
品类：沙发
规格(mm)：详见工程图
材质：真皮、不锈钢支架
颜色：黑色
参考价格(元)：2100.00(单人)/3150.00(双人)/4200.00(三人)
说明：

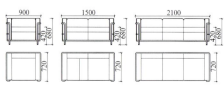

电话:021-52174082
传真:021-52173179

网址:www.feelingfur.com.cn
E-mail:feelof@sh163.net

品牌国别:中国
生产地区:中国

产品编号:L3617
品类:休闲椅
规格(mm):详见工程图
材质:牛皮椅面、电镀椅架、钢制烤漆椅座
颜色:黑色
参考价格(元):3600.00
说明:

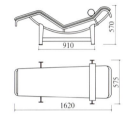

产品编号:L8211+L8212
品类:办公椅
规格(mm):详见工程图
材质:牛皮、铝合金框架
颜色:黑色
参考价格(元):3800.00/3500.00
说明:属于Eames Aluminum系列

产品编号:L2000+L2000-1
品类:休闲沙发
规格(mm):详见工程图
材质:牛皮面、复合板、铝合金椅脚
颜色:柚木色
参考价格(元):8000.00
说明:

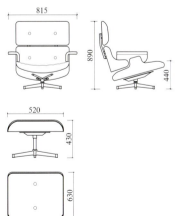

产品编号:L601+L605+L606
品类:沙发+休闲桌
规格(mm):详见工程图
材质:牛皮软垫、不锈钢支架
颜色:黑色
参考价格(元):3600.00
　　　　　　1800.00
　　　　　　2400.00
说明:

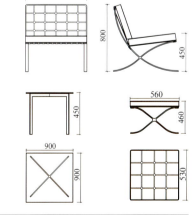

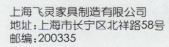

上海飞灵家具制造有限公司
地址：上海市长宁区北祥路58号
邮编：200335

产品编号：TANCO
品类：办公桌
规格(mm)：详见工程图
材质：夹层玻璃、不锈钢桌架
颜色：彩色
参考价格(元)：4500.00
说明：

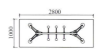

电话:021-52174082
传真:021-52173179

网址:www.feelingfur.com.cn
E-mail:feelof@sh163.net

品牌国别:中国
生产地区:中国

产品编号:L702
品类:休闲椅
规格(mm):详见工程图
材质:多层板成形椅面、电镀椅脚
颜色:彩色
参考价格(元):500.00
说明:

产品编号:L708
品类:休闲椅
规格(mm):详见工程图
材质:铝合金椅脚
颜色:蓝紫色、红色
参考价格(元):5600.00
说明:

产品编号:L709
品类:休闲椅
规格(mm):详见工程图
材质:铝合金椅脚
颜色:蓝黑色
参考价格(元):6400.00
说明:

产品编号:L3605
品类:休闲椅
规格(mm):详见工程图
材质:牛皮
颜色:红色
参考价格(元):3200.00
说明:

产品编号:L8312
品类:办公椅
规格(mm):详见工程图
材质:牛皮椅面、铝合金扶手
颜色:白色
参考价格(元):3600.00
说明:

产品编号:L5061
品类:休闲椅
规格(mm):详见工程图
材质:再生皮、PVC
颜色:黑色
参考价格(元):1800.00
说明:

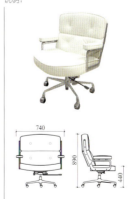

厂商简介:上海飞灵家具制造有限公司始建于1996年,集研发、制造、销售为一体,产品包括经典家具、办公家具、钢木结构椅子和沙发。公司发展至今,已拥有8600m²的厂房,200余名员工,并配备大型高频加热压机,用于生产各类曲木家具,而且拥有专用的焊接弯管设备,可生产不锈钢和钢制产品。飞灵产品受到众多国内外设计师的青睐,被广泛用于各自所设计的著名作品。飞灵公司以永续经营的作风,追求完美,追求品质,追求新概念。

代表工程:上海浦东国际机场 中芯电子股份有限公司 上海市浦东干部学院 太平人寿保险股份有限公司 上海光大会展中心 交通银行上海分行培训中心 上海安亭新城发展有限公司 台湾统一集团(中国)有限公司 平安保险公司上海分公司

质量认证:ISO9001

上海美欣办公家具有限公司
地址：上海市延平路三和大厦7D座
邮编：200042

"负责任、讲效率、重诚信、尚道德、开拓创新、追求卓越"是美欣的企业价值观。美欣的一贯宗旨是为用户提供品质卓越的办公家具产品，用其真诚的服务与用户携手共同创造美好的未来。

产品编号：IO-04
品类：屏风工作站
规格(mm)：4200×2100×1050
材质：防火板、布面、铝合金氧化钢脚
颜色：银色(钢脚)，有多种木色和布色可供选择
参考价格(元)：18200.00

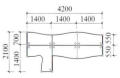

电话:021-62460007
传真:021-62460035

网址:www.3h-meixin.com
Email:webmaster@3h-meixin.com

品牌国别:中国
生产地区:中国

产品编号:IO-01
品类:会议桌
规格(mm):3000×2100×750
材质:钢化玻璃、铝合金氧化钢脚
颜色:银色(钢脚)
参考价格(元):18600.00

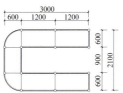

产品编号:IO-02
品类:会议桌
规格(mm):2800×1200×750
材质:钢化玻璃、铝合金氧化钢脚
颜色:银色(钢脚)
参考价格(元):10700.00

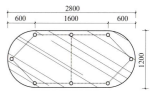

产品编号:IO-03
品类:会议桌
规格(mm):3000×2100×750
材质:防火板、铝合金氧化钢脚
颜色:有多种木色可供选择,银色(钢脚)
参考价格(元):15600.00

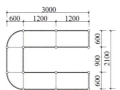

产品编号:IO-05
品类:班台
规格(mm):2200×1800×750
材质:防火板、铝合金氧化钢脚
颜色:有多种木色可供选择,银色(钢脚)
参考价格(元):8200.00

上海美欣办公家具有限公司
地址：上海市延平路三和大厦7D座
邮编：200042

电话:021-62460007
传真:021-62460035

网址:www.3h-meixin.com
Email:webmaster@3h-meixin.com

品牌国别:中国
生产地区:中国

美 欣

产品编号:NMZT1024
品类:会议桌
规格(mm):3800×1200×750
材质:钢化玻璃、电镀钢脚
颜色:镀铬亮色(钢脚)
参考价格(元):17800.00

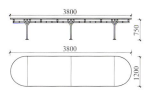

■ 局部功能特点说明

圆盘脚　平衡支架　固定吸盘

横档　圆盘脚

产品编号:NMZT7014
品类:办公桌
规格(mm):1400×700×750
材质:钢化玻璃、电镀钢脚
颜色:镀铬亮色(钢脚)
参考价格(元):6900.00

■ 局部功能特点说明

双层桌文件架　吊柜　三抽固定柜

113　华标建材资讯

上海美欣办公家具有限公司
地址：上海市延平路三和大厦7D座
邮编：200042

HUNTING 系列

HUNTING系列主管家具，配有精致细腻的玻璃桌面和铝合金氧化钢脚，充分显示出现代主管的明朗风格。另外，该款产品还可灵活搭配各式辅助桌板与附件，不仅经济实用而且更显露出其卓尔不群的气质。

电话:021-62460007
传真:021-62460035

网址:www.3h-meixin.com
Email:webmaster@3h-meixin.com

品牌国别:中国
生产地区:中国

产品编号:LH-01
品类:大班桌
规格(mm):2350×2000×750
材质:钢化玻璃、实木桌面、铝合金氧化钢脚
颜色:樱桃木色(桌面)、银色(钢脚)
参考价格(元):19000.00

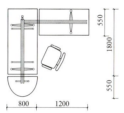

产品编号:LH-02
品类:大班桌
规格(mm):2800×2080×750
材质:实木桌面、铝合金氧化钢脚
颜色:樱桃木色(桌面)、银色(钢脚)
参考价格(元):21000.00

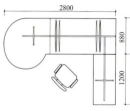

产品编号:LH-03
品类:会议桌
规格(mm):3600×1800×750
材质:钢化玻璃、铝合金氧化钢脚
颜色:银色(钢脚)
参考价格(元):26000.00

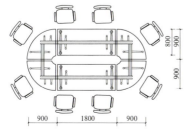

产品编号:LH-04
品类:会议桌
规格(mm):2900×800×750
材质:钢化玻璃、铝合金氧化钢脚
颜色:银色(钢脚)
参考价格(元):14000.00

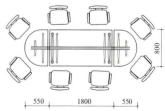

上海美欣办公家具有限公司
地址：上海市延平路三和大厦7D座
邮编：200042

产品编号：YC-C001
品类：沙发
规格(mm)：750×750×750
材质：布面
颜色：有多种颜色可供选择
参考价格(元)：1160.00

产品编号：YC-B002H	产品编号：YC-B002L	产品编号：YC-B003H	产品编号：YC-B003L
品类：办公椅	品类：办公椅	品类：办公椅	品类：办公椅
规格(mm)：600×680×1170	规格(mm)：600×650×950	规格(mm)：630×650×1250	规格(mm)：630×650×1030
材质：布面	材质：布面	材质：布面	材质：布面
颜色：有多种颜色可供选择	颜色：有多种颜色可供选择	颜色：有多种颜色可供选择	颜色：有多种颜色可供选择
参考价格(元)：1300.00	参考价格(元)：1160.00	参考价格(元)：1160.00	参考价格(元)：1040.00

电话:021-62460007
传真:021-62460035

网址:www.3h-meixin.com
Email:webmaster@3h-meixin.com

品牌国别:中国
生产地区:中国

产品编号:YC-B004H
品类:办公椅
规格(mm):513×600×1210
材质:布面
颜色:有多种颜色可供选择
参考价格(元):1160.00

产品编号:YC-B004L
品类:办公椅
规格(mm):513×600×1010
材质:布面
颜色:有多种颜色可供选择
参考价格(元):1040.00

产品编号:YC-A008H
品类:办公椅
规格(mm):600×660×1150
材质:牛皮
颜色:黑色
参考价格(元):4200.00

产品编号:YC-A008P
品类:办公椅
规格(mm):590×650×830
材质:牛皮
颜色:黑色
参考价格(元):3600.00

产品编号:YC-A001H
品类:办公椅
规格(mm):610×680×1200
材质:牛皮
颜色:黑色
参考价格(元):3520.00

产品编号:YC-A001L
品类:办公椅
规格(mm):610×680×1050
材质:牛皮/布面
颜色:有多种颜色可供选择
参考价格(元):2560.00/2320.00

产品编号:YC-A001A
品类:办公椅
规格(mm):615×680×950
材质:牛皮/布面
颜色:有多种颜色可供选择
参考价格(元):1500.00/1300.00

厂商简介:美欣公司成立于1997年,全体员工秉承"3h"的敬业精神,做到心(Heart)、脑(Head)、手(Hand)三者合一,并使"3h"工作精神发扬光大。美欣拥有先进的管理技术与品质精良的系统办公家具产品,公司2004年的国内直销额为1600万人民币,出口额为120万美元,美欣的目标是成为国内最强大、服务最精致的综合性家具行销集团。

各地联系方式:

上海
地址:上海市延平路123弄1号10C座
电话:021-62462140

代表工程:
德国科德宝贸易有限公司
亚太广告有限公司

质量认证:ISO9001 ISO14001

电话：010-65057118
传真：010-65057116
网址：www.hermanmiller.com/asia
E-mail:info_china@hermanmiller.com
品牌国别：美国
生产地区：美国

赫曼米勒

Celle™系列

Jerome Caruso设计的Celle座椅建立了关于产品"环境友好性"的新标准——它不仅是世界上重复利用程度最高的椅子,而且只需用常备工具就可以将其在5分钟内拆卸,极具循环利用价值。Celle座椅在人体工程学设计方面同样领先——它具有自然平衡的倾仰角度,创新的蜂窝结构弹力网布材料能够贴合人体运动,给使用者一整天的舒适感,也适用于全世界不同身高和体型的人。

■ 局部功能特点说明

蜂窝结构弹力网布

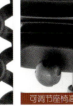
可调节座椅高度和倾仰角度

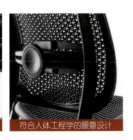
符合人体工程学的腰靠设计

Celle Chair
品类：办公座椅
规格(mm)：详细规格请咨询厂商
材质：专利polymer材料
颜色：有多种颜色可供选择
参考价格：4500.00～5500.00
说明：所使用的材料99%都可以循环再利用

Herman Miller
地址：北京市建国门外大街1号国贸大厦2座26层
邮编：100004

Eames®系列

Herman Miller从1958年开始生产Charles和Ray Eames的Aluminum Group椅，11年后，设计师在原设计的基础上添加了坐垫和靠垫，使之更为舒适豪华。Eames系列简洁经典的线条、创新的材质以及为工作和生活带来的舒适感使它的市场需求经久不衰。

Eames Aluminum Group & Soft Pad Chair
品类：办公座椅
规格(mm)：584×432×1067
材质：网布/真皮
颜色：有多种颜色可供选择
参考价格(元)：20000.00
说明：本款产品也适用于家用

Eames Aluminum Group
Side Chair with Cygnus Mesh

Eames Aluminum Group
Management Chair with Cygnus Mesh

Eames Aluminum Group
Executive Chair with Cygnus Mesh

Eames Aluminum Group
Side Chair

Eames Aluminum Group
Management Chair

Eames Aluminum Group
Executive Chair

Eames Aluminum Group
Lounge Chair and Ottoman

Eames Soft Pad Side Chair

Eames Soft Pad
Management Chair

Eames Soft Pad Executive Chair

Eames Soft Pad Lounge
Chair and Ottoman

电话:010-65057118
传真:010-65057116

网址:www.hermanmiller.com/asia
E-mail:info_china@hermanmiller.com

品牌国别:美国
生产地区:美国

Aeron®系列

设计师Bill Stampf和Don Chadwick将Aeron精心设计成为一款独一无二并已成经典的办公座椅——用专利的Pellicle®材料取代了传统的海绵与织物,具备良好的透气性能;先进的PostureFit®人体工程学专利技术令座椅切合人的体形变化,为使用者提供更好的支撑与舒适度;不断的改进确保了Aeron始终是高档人体工程学座椅的一种标准,至今仍令诸多产品难以望其项背。

■ 局部功能特点说明

专利材料提供更为舒适的坐感

用手指即可轻松调节座椅舒适度

符合人体工程学的腰靠设计

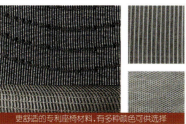
更舒适的专利座椅材料,有多种颜色可供选择

Aeron Chair
品类:办公座椅
规格(mm):510×655×1045(A型)
　　　　　565×685×1075(B型)
　　　　　635×720×1150(C型)
材质:专利Pellicle材料
颜色:有多种颜色可供选择
参考价格(元):8000.00～10000.00
说明:所使用的材料94%可循环再利用,而材料中亦有66%使用了循环再造的材料;本款产品也适用于家用

121

Herman Miller
地址：北京市建国门外大街1号国贸大厦2座26层
邮编：100004

Mirra™系列

Studio7.5设计的Mirra是一款极具创新精神的作品：靠背采用专利Triflex™材料贴合人体设计，椅座采用专利AireWeave®材料，专利FlexFront™座椅深度调节技术，专利PostureFit®倾仰技术体现极高的人体工程学设计水平。Mirra的外形清新、实用且操作简便，价格又颇具竞争力。

Mirra Chair
品类：办公座椅
规格(mm)：686×432×1092
材质：专利Triflex材料(椅背)，专利AireWeave材料(椅座)
颜色：有8种椅背颜色、10种椅座颜色可供搭配选择
参考价格(元)：5000.00～7000.00
说明：96%的材料都可回收进行循环利用

■ 局部功能特点说明

8种颜色的专利Triflex椅背材料 | 多种脚轮适用软硬不同的地面环境
专利FlexFront座椅调节技术 | 专利AireWeave透气椅座材料

电话:010-65057118
传真:010-65057116

网址:www.hermanmiller.com/asia
E-mail:info_china@hermanmiller.com

品牌国别:美国
生产地区:美国

赫曼米勒

从办公区到多功能厅及餐厅,轻便、靓丽的Caper是诸多场所中不可缺少的一环。Caper仅重4kg,将其码放或布置均非常轻松简便。设计师Jeff Weber采用了高韧性、穿孔透气的椅背及椅垫,从而始终保持使用舒适。

Caper®系列

设计师Jeff Weber一开始就考虑到了Caper椅的轻便性。无论是否选配扶手,Caper椅都可以轻易地叠放起来,通常可以码放6层,如借助专用的工具推车,最多可达15层之高。其Flexnet™材质同Aeron座椅的Pellicle®材质有极其相似的支持性和透气性。

Caper Chair
品类:多功能座椅
规格(mm):616×438×813
材质:专利Flexnet椅垫
颜色:有14种颜色可供选择
参考价格(元):2800.00~3500.00
说明:Caper椅的材料100%可以回收再利用,而产品本身也采用了22%的回收材料

■ 局部功能特点说明

椅脚可选装脚垫或脚轮

外观清新、简洁、明快

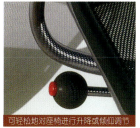
可轻松地对座椅进行升降或倾仰调节

便于堆叠和移动

HermanMiller

Herman Miller
地址：北京市建国门外大街1号国贸大厦2座26层
邮编：100004

Resolve System
品类：屏风工作站
规格(mm)：详细规格请咨询厂商
材质：防火板/三聚氰胺板(桌面)，布面(屏风)
颜色：有多种颜色可供选择
参考价格(元)：8000.00（一个工作位）
说明：Resolve的专利静音技术可屏蔽半径为12～16ft范围之外的谈话，为工作人员的协作与专注工作都提供了便利的环境

Resolve® 系列

Resolve屏风工作站有5种基础组合方式，我们把他们形象地比喻成"星座"。每一种组合形式提供不同程度的封闭或开放的空间，形成协作或私密的办公环境。设计师还可以根据实际空间设计的需求组合出更为复杂的形式，使空间达到更为有效的利用，同时满足团队和私人办公的多样化需求。

■ 线路管理图说明

接地电源线、数据线走线方式

接顶、接墙电源线、数据线走线方式

电源线　　　数据线

■ 线路管理说明

接地电源线、数据线走线方式

大容量线路板

高空电源线、数据线走线方式

电话:010-65057118
传真:010-65057116

网址:www.hermanmiller.com/asia
E-mail:info_china@hermanmiller.com

品牌国别:美国
生产地区:美国

赫曼米勒

AbakEnvironments System
品类:屏风工作站
规格(mm):详细规格请咨询厂商
材质:详细材质请咨询厂商
颜色:有多种颜色可供选择
参考价格(元):7000.00~16000.00
说明:

■ 局部功能特点说明

配件设计易于拆卸和改装

走线功能强大　可调节锥形桌腿

AbakEnvironments™系列

AbakEnvironments将人性化的细节设计与国际化的外观完美融合在一起,外观清新简约却又具备极高的性能。AbakEnvironments易于拆卸和改装,适应各种空间环境的改变,可以为个人或是团队创造和谐的工作环境。

厂商简介:Herman Miller 公司始于1923年,从一家生产传统家具的公司逐渐演变成为美国现代家具设计与生产中心,是全球最主要的家具设计与生产厂商之一。Herman Miller 公司认为设计是企业经济的一个有机组成部分,并与世界著名的设计师合作,其中Gilbert Rohde、George Nelson、Charles & Ray Eames、Alexander Girard、Isamu Noguchi等,都是Herman Miller公司的设计先驱。如今Herman Miller 公司在全球40个国家设有分公司,代理商和客户服务点。

各地联系方式:

上海
地址:上海市淮海中路333号瑞安广场12层
邮编:200020
电话:021-51160561
传真:021-51160555
E-mail:charles_mak@hermanmiller.com
　　　info_china@hermanmiller.com

北京
地址:北京市建国门外大街1号国贸大厦2座26层
邮编:100004
电话:010-65057118
传真:010-65057116
E-mail:tess_liu@hermanmiller.com

广州
地址:广东省广州市天河北路
28号时代广场东座814室
邮编:510620
电话:020-38910712
传真:021-38820584
E-mail:paul_ye@hermanmiller.com

香港
电话:00852-28556885
传真:00852-28556800
E-mail:info_hongkong@hermanmiller.com

代表工程:
上海
Widner Kennedy Innovene Juniper
General Motors ShenYang Railway Bureau

北京
AMD(美国AMD公司) Mchinsey(麦肯锡)
Sullivan & Cromwell(苏利文·克伦威尔)
IBM(国际商业机器)

广州
GD telecom(广东电信) Whirlpool(惠尔浦)
Wuyeshen(五叶神) Unicom SZ(深圳联通)
CNOOC(中海油) Bright Oil(光汇石油)
China Mobile SZ(广东中国移动)

质量认证:ISO9001 ISO14000

国靖办公家具(番禺)有限公司
地址:广东省广州市番禺区钟村镇钟一工业区
邮编:511495

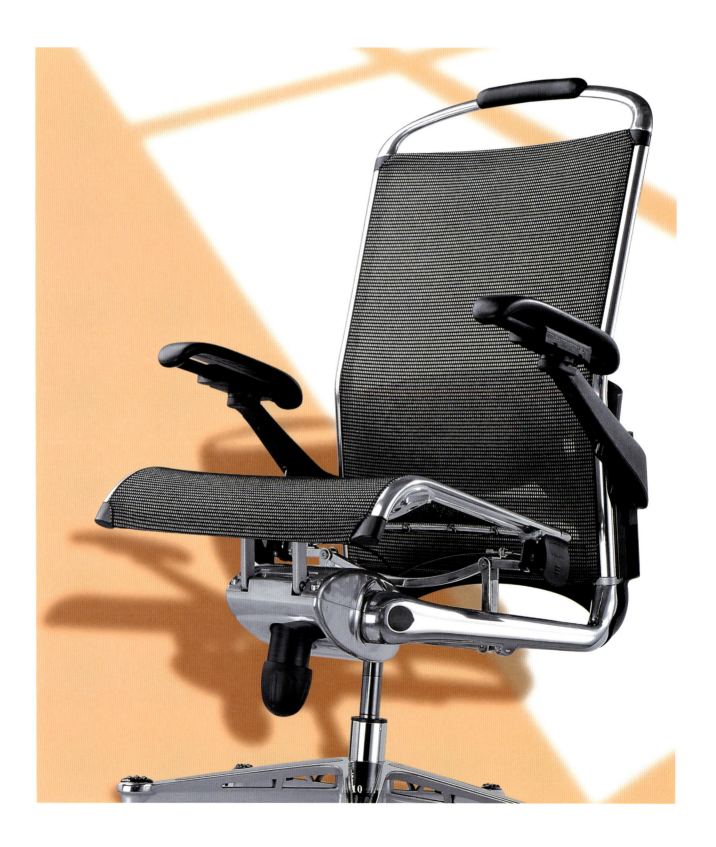

电话：020-84776005
传真：020-84776137/84778967

网址：www.kuoching.com
E-mail:kuoching@pub.guangzhou.gd.cn

品牌国别：中国
生产地区：中国

产品编号：KCA-H2001STG
品类：办公椅
规格(mm)：645×665×1205
材质：网布/皮
颜色：黑色/蓝色/红色
参考价格(元)：5090.00
说明：头枕、腰靠、扶手可调整；
　　　只适合加皮套

产品编号：KCA-H203STG
品类：办公椅
规格(mm)：645×640×1080
材质：皮/网布
颜色：黑色/蓝色/红色
参考价格(元)：5755.00
说明：头枕、腰靠、扶手可调整；
　　　可加皮套和头靠

产品编号：KCA-H204
品类：办公椅
规格(mm)：645×635×1120
材质：皮/网布
颜色：黑色/蓝色/红色
参考价格(元)：4500.00
说明：只适合加皮套

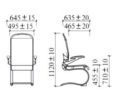

■ 局部功能特点说明

操作把手和椅身融合，使调整座高和倾仰角度的操作更为便捷。

脚座独创镂空设计，并配有按摩端盖。

头枕的高度和倾仰角度具有调整功能。

产品编号：KCA-H100A4STG
品类：办公椅
规格(mm)：610×570×1130
材质：网布
颜色：黑色/蓝色/桔红色/绿色
参考价格(元)：2135.00
说明：头枕、腰靠、扶手高度可调整；
　　　锁定机构、扶手、椅脚可替换；
　　　5段锁定机构

产品编号：KCA-H103B1STG
品类：办公椅
规格(mm)：610×555×960
材质：网布
颜色：黑色/蓝色/桔红色/绿色
参考价格(元)：1590.00
说明：头枕、腰靠、扶手高度可调整；
　　　锁定机构、扶手、椅脚可替换；
　　　5段锁定机构

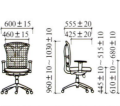

产品编号：KCA-H104
品类：办公椅
规格(mm)：610×590×960
材质：网布
颜色：黑色/蓝色/桔红色/绿色
参考价格(元)：1410.00
说明：扶手、椅脚可替换

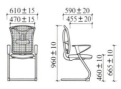

椅身两侧具有铝金属的质感。

隐藏式人体腰靠，可进行调节以适应腰椎高度。

动态倾仰系统，悬吊式连杆配合同步动力机构，组成完美的坐姿支撑系统。

国靖办公家具(番禺)有限公司
地址:广东省广州市番禺区钟村镇钟一工业区
邮编:511495

电话:020-84776005
传真:020-84776137/84778967

网址:www.kuoching.com
E-mail:kuoching@pub.guangzhou.gd.cn

品牌国别:中国
生产地区:中国

产品编号:KCA-J200M1STG
品类:办公椅
规格(mm):615×600×1190
材质:网布
颜色:黑色/蓝色/桔红色/绿色
参考价格(元):2440.00
说明:头枕、腰靠、扶手高度可调整；
锁定机构、扶手、椅脚可替换；
5段锁定机构

产品编号:KCA-J2031STG
品类:办公椅
规格(mm):635×580×955
材质:网布
颜色:黑色/蓝色/桔红色/绿色
参考价格(元):2045.00
说明:锁定机构、扶手、椅脚可替换

产品编号:KCA-J2041
品类:办公椅
规格(mm):600×640×950
材质:网布
颜色:黑色/蓝色/桔红色/绿色
参考价格(元):1695.00
说明:扶手、椅脚可替换

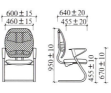

■ 局部功能特点说明

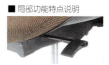

机械操纵把手可调整椅背倾仰角度并锁定椅背。

多功能收纳椅可节省空间且移动方便。

椅脚采用弓字形设计。

头枕可进行多角度调节。

扶手可进行多角度调节。

手握腰靠时两边把手可进行高度调节。

产品编号:KCE-E100STG
品类:办公椅
规格(mm):680×645×1170
材质:网布
颜色:黑色/蓝色/桔红色/绿色
参考价格(元):2220.00
说明:意大利COFEMO的摇式弹力调整机构可分段锁定；扶手可升降

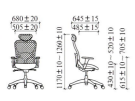

产品编号:KCE-E108
品类:办公椅
规格(mm):700×640×945
材质:网布
颜色:黑色/蓝色/桔红色/绿色
参考价格(元):1225.00
说明:扶手、椅脚可替换

产品编号:KCE-E109B1
品类:办公椅
规格(mm):520×615×1000
材质:网布
颜色:黑色/蓝色/桔红色/绿色
参考价格(元):1065.00
说明:椅脚可替换

椅座可进行高度升降调整和倾仰弹力调整。

国靖办公家具(番禺)有限公司
地址:广东省广州市番禺区钟村镇钟一工业区
邮编:511495

电话:020-84776005
传真:020-84776137/84778967
网址:www.kuoching.com
E-mail:kuoching@pub.guangzhou.gd.cn
品牌国别:中国
生产地区:中国

产品编号:KCE-E300STG
品类:办公椅
规格(mm):640×685×1165
材质:牛皮
颜色:咖啡色/黑色
参考价格(元):3130.00
说明:意大利COFEMO的摇式弹力调整机构可分段锁定;铝合金座背连接件,可分段锁定;头枕可升降及旋转

产品编号:KCE-E303STG
品类:办公椅
规格(mm):640×615×960
材质:牛皮
颜色:咖啡色/黑色
参考价格(元):2825.00
说明:意大利COFEMO的摇式弹力调整机构可分段锁定;铝合金座背连接件,可分段锁定

产品编号:KCE-E200STG
品类:办公椅
规格(mm):690×730×1200
材质:牛皮
颜色:咖啡色/黑色
参考价格(元):2380.00
说明:意大利COFEMO的摇式弹力调整机构可分段锁定;铝合金座背连接件,可分段锁定;头枕可升降及旋转

■ 局部功能特点说明

背板的反凸穿孔与骨线。

弓字形支撑脚。

3度曲线背板完全符合人体腰部曲线。

产品编号:KCT-B4021TG
品类:办公椅
规格(mm):530×535×900
材质:布
颜色:黑色/灰色
参考价格(元):745.00
说明:椅脚、扶手可替换

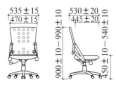

产品编号:KCT-B403B1TG
品类:办公椅
规格(mm):550×670×910
材质:布
颜色:土黄色/桔黄色/红色
参考价格(元):1130.00
说明:可透气背胶板;可拆换背垫;椅脚、扶手可替换

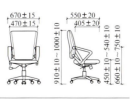

产品编号:KCT-B405
品类:办公椅
规格(mm):500×535×910
材质:布
颜色:土黄色/桔黄色/红色
参考价格(元):805.00
说明:扶手可替换

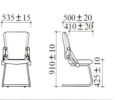

V形轴圆座背连结杆。

D字形流线设计扶手。

椅板背套的三角叠合与圆形旋钮相结合。

国靖办公家具(番禺)有限公司
地址:广东省广州市番禺区钟村镇钟一工业区
邮编:511495

产品编号:KCA-J500TG
品类:办公椅
规格(mm):495×590×1100
材质:布
颜色:桔色/桔黄色/葡萄红色/酒红色
参考价格(元):1110.00
说明:

产品编号:KCA-J503TG
品类:办公椅
规格(mm):495×570×950
材质:布
颜色:蓝色/绿色/黄色/红色
参考价格(元):1030.00
说明:

产品编号:KCA-J5041
品类:办公椅
规格(mm):500×590×970
材质:布
颜色:深蓝色/浅蓝色/深紫色/浅紫色
参考价格(元):795.00
说明:椅脚可替换

产品编号:KCE-F100KTG
品类:办公椅
规格(mm):735×710×1140
材质:牛皮、PVC
颜色:白色
参考价格(元):3535.00
说明:球形整体设计;手摇式KTG机构

产品编号:KCT-C302B1KG
品类:办公椅
规格(mm):425×500×950
材质:PU
颜色:黑色
参考价格(元):1515.00
说明:可抗静电、椅脚、脚圈可替换

产品编号:KCP-B2311HB+KCO-H2+KCP-B2412L
品类:排椅
规格(mm):详见工程图
材质:PVC
颜色:蓝色/绿色
参考价格(元):12810.00
说明:背套、座套可替换

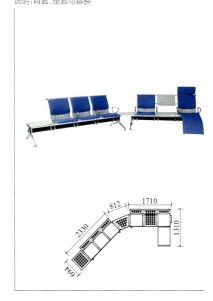

电话：020-84776005
传真：020-84776137/84778967

网址：www.kuoching.com
E-mail:kuoching@pub.guangzhou.gd.cn

品牌国别：中国
生产地区：中国

产品编号：KCS-Q901(左)/KCS-Q902(中)/KCS-Q903(右)
品类：沙发
规格(mm)：875×750×720
　　　　　1420×750×720
　　　　　1980×750×720
材质：皮/PVC
颜色：黑色
参考价格(元)：2310.00/3140.00/3940.00
说明：

产品编号：KCS-F501(左)/KCS-F502(中)/KCS-F503(右)
品类：沙发
规格(mm)：645×640×780
　　　　　1155×640×780
　　　　　1650×640×780
材质：PVC
颜色：黑色、红色
参考价格(元)：1395.00/2040.00/2650.00
说明：

厂商简介：国靖办公家具集团以提供舒适的办公座椅著称海内外，经过20多年的努力，以高品质的产品与高效率的售后服务获得业界的高度评价。国靖公司以ISO9001标准化公司管理与生产的每一个细节，视质量为生命，同时秉持一贯的市场理念与服务品质，以诚信谦和的国靖精神为广大客户提供符合时尚潮流的"人文"、"科技"、"环保"兼备的办公家具。

各地联系方式：

国靖办公家具(上海)有限公司
地址：上海市嘉定区申裕路
　　　(周赵路口)499号
电话：021-59901766
传真：021-59901833

北京明德家具厂
地址：北京市朝阳区十八里店
　　　西直河村4队
电话：010-67360545
传真：010-67360293

成都国圣家具厂
地址：四川省成都市双流县
　　　东升镇龙桥社区7组
电话：028-85774775
传真：028-85754683

代表工程：
中央警备总署　宝洁(中国)有限公司
中国民生银行　北京现代汽车工业园
中国联想集团　北京通用技术大厦
上海市政府　　重庆市国际会议中心
上海浦东公安局　上海高级人民法院

质量认证：ISO9001-2000

国誉贸易(上海)有限公司
地址:上海市淮海中路300号香港新世界大厦1805室
邮编:200021

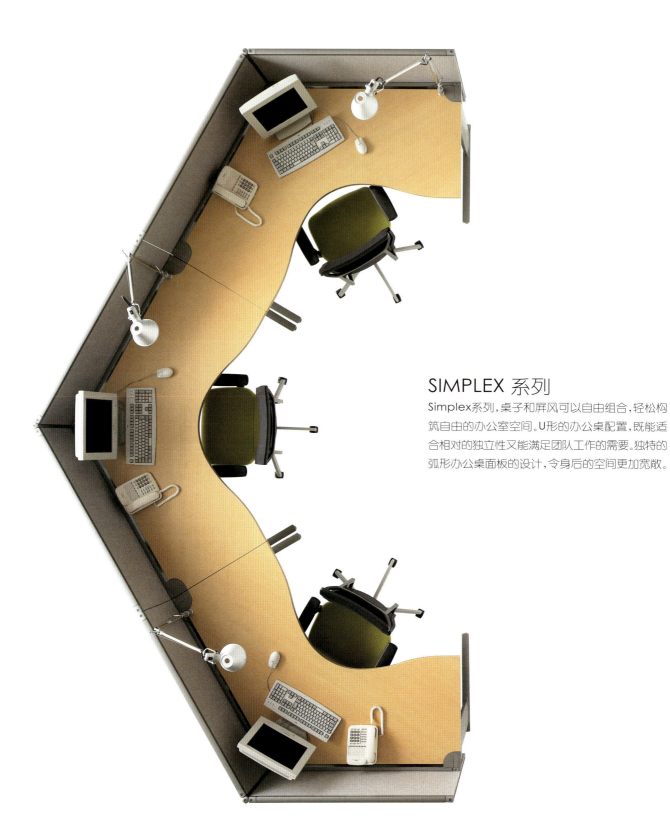

SIMPLEX 系列

Simplex系列,桌子和屏风可以自由组合,轻松构筑自由的办公室空间。U形的办公桌配置,既能适合相对的独立性又能满足团队工作的需要。独特的弧形办公桌面板的设计,令身后的空间更加宽敞。

电话:021-63353001
传真:021-63353007

网址:www.kokuyo.cn

品牌国别:日本
生产地区:日本/中国

SIMPLEX系列
品类:工作站组合
规格(mm):详细规格请咨询厂商
材质:贴面板(桌面),布(屏风)
颜色:黄色
参考价格(元):53950.00
说明:屏风可选颜色有黄色、蓝色、
驼色、灰色、红色、绿色;桌面
可选颜色有自然灰、木纹色

■ 局部功能特点说明

留有配线空间。   桌脚中的配线空间。   桌下能放置接线板的隔板。   简单的遮板设计。   左右两旁能够配线。

KOKUYO

国誉贸易(上海)有限公司
地址:上海市淮海中路300号香港新世界大厦1805室
邮编:200021

WORKGATE系列
品类:办公桌
规格(mm):详细规格请咨询厂商
材质:贴面板
颜色:白色/黄色
参考价格(元):详细价格请咨询厂商
说明:最大长度可达9600mm；
另备有多种规格组合的产品可供选择

WORKGATE 系列

WORKGATE办公桌系列,对应各种系列化的工作模式,可以自由组合出多样的办公场景。轻快的设计风格,以及优良的性能品质,创造出别具魅力的全新办公环境。

■ 局部功能特点说明

■ 可选配件

中间的桌脚设在桌板里侧,方便双脚自由活动。

中央部配有大型的导管装置,可收纳插座和过长的电线,也可横向布线。

中央部设有较大的布线出口,盖板可前后两面开闭,拆除简便,容易保养。

标准的配线导管装置,能轻松收纳插座和过长多余的电线。

可安装提高工作注意力的挡板。

电话:021-63353001
传真:021-63353007

网址:www.kokuyo.cn

品牌国别:日本
生产地区:日本/中国

K 国誉

ALIOS系列
产品编号:SD-ARRC16165P81P1M
品类:办公桌
规格(mm):1600×1600×(650～850)
材质:贴面板
颜色:木纹色
参考价格(元):11200.00
说明:另备有灰色、白色以及其他规格的产品可供选择

ALIOS系列
产品编号:SD-AW1675P81F1
品类:办公桌
规格(mm):1600×750×(650～750)
材质:贴面板
颜色:白色
参考价格(元):4000.00
说明:另备有灰色、木纹色以及其他规格的产品可供选择

ALIOS系列
产品编号:SD-AC1207P81P1M
品类:办公桌
规格(mm):2080×1290×(650～750)
材质:贴面板
颜色:木纹色
参考价格(元):7900.00
说明:另备有灰色、白色以及其他规格的产品可供选择

ALIOS 系列

ALIOS经典办公桌系列追求创意的自由度和实用性,特有的环保材质和巧妙设计,不受制于单纯的成套组合,却能营造出简单流畅的办公区域。

■ 局部功能特点说明

根据办公室布局和功能需求,可以选择T形和A形桌脚。　桌脚可调节高度。　方便操作的布线配置。　按下桌面下方的开关,桌板可以自由拉展开。

国誉贸易(上海)有限公司
地址:上海市淮海中路300号香港新世界大厦1805室
邮编:200021

AL-Group系列
产品编号:XBN-AL9S1890LV
品类:办公桌
规格(mm):1800×900×750
材质:贴面板(桌面),铝(框架)
颜色:樱桃木色
参考价格(元):详细价格请咨询厂商

电话:021-63353001
传真:021-63353007

网址:www.kokuyo.cn

品牌国别:日本
生产地区:日本/中国

国誉

BENE AL-GROUP 系列

AL-Group系列兼有办公家具和会议家具特点,无形中整合了各种技术,功能全面。金属铝的使用,充满高科技感,非常知性和优雅,线条轻快而清晰。

AL-Group系列
产品编号:XBN-AL9RR2111BG
品类:办公桌
规格(mm):详细规格请咨询厂商
材质:贴面板(桌面),铝(框架)
颜色:深樱桃木色
参考价格(元):详细价格请咨询厂商
说明:

AL-Group系列
产品编号:XBN-AL9S1515BG
品类:办公桌
规格(mm):1560×1560×750
材质:贴面板(桌面),铝(框架)
颜色:深樱桃木色
参考价格(元):详细价格请咨询厂商
说明:

Coffice系列
产品编号:XBN-RP1
品类:沙发
规格(mm):885×790×710
材质:皮革
颜色:黑色
参考价格(元):详细价格请咨询厂商
说明:另备有材质为织物、颜色为红色的产品可供选择

国誉贸易（上海）有限公司
地址：上海市淮海中路300号香港新世界大厦1805室
邮编：200021

ATLABO 系列

ATLABO多功能会议桌，交流无界限。"组织"、"知识"和"情报"，和谐地相互关联。在轻松的氛围中，无论何时何地，轻松营造相互合作交流的空间。

A
ATLABO系列
产品编号：MT-201
品类：圆形会议桌
规格(mm)：Ø900×720
材质：贴面板(桌面)，铝(桌脚)
颜色：橘色/柠檬黄色(桌面)，灰色(桌腿)
参考价格(元)：6200.00
说明：另备有木纹色、白色以及多种规格的产品可供选择

B
ATLABO系列
产品编号：MT-202
品类：方形会议桌
规格(mm)：750×750×720
材质：贴面板(桌面)，铝(桌脚)
颜色：白色(桌面)，灰色(桌腿)
参考价格(元)：5700.00
说明：另备有橘色、柠檬黄色、木纹色以及多种规格的产品可供选择

C
ATLABO系列
产品编号：MT-206
品类：矩形会议桌
规格(mm)：1060×845×720
材质：贴面板(桌面)，铝(桌脚)
颜色：柠檬黄色/白色(桌面)，灰色(桌腿)
参考价格(元)：7200.00
说明：另备有橘色、木纹色桌面的产品可供选择

Talk-Be系列
产品编号：MT-MCQ189
品类：会议桌
规格(mm)：2028×1250×1500
材质：贴面板
颜色：樱桃木色
参考价格(元)：11500.00
说明：带搁板、屏风、投影幕；另备有多种颜色以及规格的桌面、屏风产品可供选择

KT-620系列
产品编号：KT-PS621
品类：会议桌
规格(mm)：1800×600×700
材质：贴面板
颜色：樱桃木色
参考价格(元)：4500.00
说明：带挡板；另备有多种颜色以及规格的桌面产品可供选择

KT-60n系列
产品编号：KT-PS61
品类：会议桌
规格(mm)：1800×600×700
材质：贴面板
颜色：白木色
参考价格(元)：3700.00
说明：带挡板；另备有多种颜色以及规格的桌面产品可供选择

电话:021-63353001
传真:021-63353007

网址:www.kokuyo.cn

品牌国别:日本
生产地区:日本/中国

国誉

ALINA/C会议椅,无论用传统眼光,或是现代视角,这是一款出现在任何场合都能让人觉得充满艺术感的椅子。

ALINA/C系列
产品编号:CK-785
品类:扶手椅
规格(mm):500×440×745
材质:塑料
颜色:白色
参考价格(元):2240.00
说明:另备有多种颜色及材质的产品可供选择

PROTTY系列
产品编号:CK-587
品类:扶手椅
规格(mm):560×445×620
材质:织物
颜色:黑色、玫红色
参考价格(元):1850.00
说明:另备有多种颜色及材质的产品可供选择

PREDO系列
产品编号:CK-S890
品类:无扶手椅
规格(mm):535×440×770
材质:织物
颜色:蓝色
参考价格(元):850.00
说明:另备有多种颜色及材质的产品可供选择

PANTAH系列
产品编号:CF-100
品类:无扶手椅
规格(mm):520×410×750
材质:塑料
颜色:黑色
参考价格(元):1250.00
说明:另备有多种颜色及材质的产品可供选择

国誉贸易（上海）有限公司
地址：上海市淮海中路300号香港新世界大厦1805室
邮编：200021

电话:021-63353001
传真:021-63353007

网址:www.kokuyo.cn

品牌国别:日本
生产地区:日本/中国

AGATA/A 系列

生于千变万化的商业环境，创造办公椅的新可能。从坐镇威严的挺拔坐姿，到完全放松的悠闲姿态，无论采用什么姿势办公，都可感受到无比舒适。AGATA/A切实贴合不同人的脊椎骨形状和体型，令坐者产生完全被其抱拥的完美感觉。

■ 局部功能特点说明

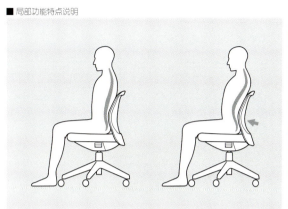

具有两种摇动方式,加上独自的腰部支撑结构,完美贴合各种坐姿,适合各种不同的人。

椅座和扶手采用具有弹力的新素材,能向三维方向分散体压,防止集中于身体的某一部分。

各种功能的掌握,尽在单手操控中。

AGATA/A系列
产品编号:CR-G1263
品类:T形扶手椅
规格(mm):(600~890)×470×(1165~1275)
材质:皮革
颜色:黑色
参考价格(元):15000.00(弹力衬垫背靠)
　　　　　　　15500.00(弹力衬垫背靠、可调节扶手)
说明:带头靠

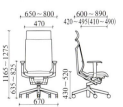

AGATA/A系列
产品编号:CR-G1203
品类:T形扶手椅
规格(mm):(600~890)×470×(1165~1275)
材质:织物
颜色:绿色、黑色
参考价格(元):8950.00(单层背靠)
　　　　　　　9500.00(弹力衬垫背靠)
说明:带头靠;另备有多种颜色的产品可供选择

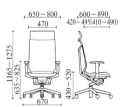

国誉贸易(上海)有限公司
地址:上海市淮海中路300号香港新世界大厦1805室
邮编:200021

AGATA/S系列
产品编号:CR-G801
品类:T形扶手椅
规格(mm):545×470×(910~1000)
材质:织物
颜色:红色、黑色
参考价格(元):4880.00(单层背靠)
　　　　　　　5200.00(弹力衬垫背靠)
说明:备有多种颜色可供选择

AGATA/D系列
产品编号:CR-G1101
品类:L形扶手椅
规格(mm):530×475×(850~940)
材质:织物
颜色:黑色、白色
参考价格(元):3600.00
说明:备有多种颜色可供选择

AGATA/V系列
产品编号:CK-91
品类:弯管脚连扶手椅
规格(mm):545×475×830
材质:织物(座)、塑料(背靠)
颜色:绿色、黑色
参考价格(元):2980.00
说明:备有多种颜色可供选择

SIDEFIT系列
产品编号:CR-G221
品类:T形扶手椅
规格(mm):535×440×(765~855)
材质:织物
颜色:蓝色
参考价格(元):2350.00
说明:备有多种颜色可供选择

COLADO系列
产品编号:CR-G1003
品类:T形扶手椅
规格(mm):(560~710)×480×(885~975)
材质:织物
颜色:黑色、绿色
参考价格(元):4400.00
说明:备有多种颜色可供选择

TRENZA系列
产品编号:CR-G451
品类:圈形扶手椅
规格(mm):(565~715)×460×(860~950)
材质:织物
颜色:深红色
参考价格(元):3300.00
说明:备有多种颜色可供选择

电话:021-63353001
传真:021-63353007

网址:www.kokuyo.cn

品牌国别:日本
生产地区:日本/中国

SEDISTA系列
产品编号:CR-G431
品类:T形扶手椅(可调扶手)
规格(mm):(570~740)×420×(830~920)
材质:织物
颜色:红色
参考价格(元):3300.00
说明:备有多种颜色可供选择

EXAGE系列
产品编号:CR-G701
品类:T形扶手椅
规格(mm):(550~670)×470×(830~920)
材质:H9弹力布(座)、塑料(背靠)
颜色:绿色、白色
参考价格(元):3600.00
说明:备有多种颜色可供选择

EAZA系列
产品编号:CR-G182
品类:无扶手椅
规格(mm):535×450×(810~900)
材质:织物
颜色:黑色、红色
参考价格(元):1200.00
说明:备有多种颜色可供选择

LEGNO系列
产品编号:CR-G206
品类:圈形扶手椅
规格(mm):570×480×(950~1040)
材质:皮革/织物
颜色:黑色
参考价格(元):1600.00
说明:备有多种颜色可供选择

LEGNO系列
产品编号:CR-G201
品类:圈形扶手椅
规格(mm):580×460×(840~930)
材质:织物
颜色:黑色
参考价格(元):1100.00
说明:备有多种颜色可供选择

LEGNO系列
产品编号:CR-G209
品类:圈形扶手椅
规格(mm):555×460×(790~905)
材质:织物
颜色:蓝色
参考价格(元):1010.00
说明:备有多种颜色可供选择

国誉贸易(上海)有限公司
地址:上海市淮海中路300号香港新世界大厦1805室
邮编:200021

电话:021-63353001
传真:021-63353007

网址:www.kokuyo.cn

品牌国别:日本
生产地区:日本/中国

AX 系列

AX系列细处即能体现其高超的功能性以及多变性。高品质、高附加值加上合理的价格是其魅力所在。

AX系列
产品编号:AXA-B22
品类:平桌
规格(mm):1200×700×700
材质:钢制
颜色:F1
参考价格(元):1500.00
说明:另备有规格(mm)1400×700×700的产品可供选择

AX系列
产品编号:AXA-D23
品类:平桌
规格(mm):1400×700×700
材质:钢制
颜色:F1
参考价格(元):2400.00
说明:另备有规格(mm)1200×700×700的产品可供选择

AX系列
产品编号:AXA-DD23
品类:平桌
规格(mm):1400×700×700
材质:钢制
颜色:F1
参考价格(元):3200.00
说明:

AX系列
产品编号:AXA-C21
品类:活动柜
规格(mm):400×581×606
材质:钢制
颜色:F1
参考价格(元):1250.00
说明:

AX系列
产品编号:AXA-E21
品类:侧柜
规格(mm):400×700×700
材质:钢制
颜色:F1
参考价格(元):1350.00
说明:

■ 局部功能特点说明

上部的抽屉是方便操作的托盘。

拿掉配线盖板,较大的接线配置也能通过。

板棚,可以收纳更多的文件。

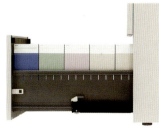

下部的抽屉可放置5个A4的文件盒。

桌板的左右两处分别有布线用的孔,打开可开闭的盖板,电话和电脑的电线就能通过。

调整脚,可以调整桌面的高度。

国誉贸易（上海）有限公司
地址：上海市淮海中路300号香港新世界大厦1805室
邮编：200021

ARTIS系列
产品编号：BWF-SU58P
品类：开门式文件柜
规格(mm)：800×450×1050
材质：镂空板
颜色：灰色
参考价格(元)：9100.00
说明：上置或下置；另备有防火板、木纹板和其他材质及颜色的产品可供选择

ARTIS系列
产品编号：BWF-K58
品类：开放式文件柜
规格(mm)：800×450×1050
材质：钢制
颜色：灰色
参考价格(元)：6300.00
说明：上置或下置

ARTIS系列
产品编号：BWF-L3A58
品类：抽屉式文件柜
规格(mm)：800×450×1050
材质：木纹板
颜色：咖啡色
参考价格(元)：11500.00
说明：下置；另备有镂空板、防火板和其他材质及颜色的产品可供选择

ARTIS系列
产品编号：BWF-HU258
品类：移门式文件柜
规格(mm)：800×450×1050
材质：防火板
颜色：白色
参考价格(元)：8500.00
说明：上置或下置；另备有镂空板、木纹板和其他材质及颜色的产品可供选择

ARTIS 文件柜

ARTIS文件柜令巧妙的组合在一起的普通家具也能保持美观，并能自由更换其贴面的装饰效果。

■ 局部功能特点说明

新型拉手设计，无论握住哪里都能自由开闭。

面板和侧板内侧设有可调整空间的装置，使收纳更为容易。

柜体表面的镂空设计。

电话:021-63353001
传真:021-63353007

网址:www.kokuyo.cn

品牌国别:日本
生产地区:日本/中国

AX系列
产品编号:AXC-K59
品类:开放式文件柜
规格(mm):900×450×1050
材质:钢制
颜色:F1
参考价格(元):800.00
说明:上置或下置

AX系列
产品编号:AXC-H59
品类:移门式文件柜
规格(mm):900×450×1050
材质:钢制
颜色:F1
参考价格(元):1300.00
说明:上置或下置

AX系列
产品编号:AXC-S59
品类:开门式文件柜
规格(mm):900×450×1050
材质:钢制
颜色:F1
参考价格(元):1400.00
说明:上置或下置

AX系列
产品编号:AXC-L359
品类:抽屉式文件柜
规格(mm):900×450×1050
材质:钢制
颜色:F1
参考价格(元):2600.00
说明:下置

AX系列
产品编号:AXC-B1
品类:底座
规格(mm):900×410×60
材质:钢制
颜色:F4
参考价格(元):150.00
说明:

■ 可选配件

书立架

天板

文件挂架

厂商简介:国誉贸易(上海)有限公司是日本最大的办公用品制造厂商国誉株式会社100%出资的子公司。公司以"Always Innovating For Your Knowledge"为主旨,通过提供价廉物美的商品和服务,为中国客户的生活及工作带来舒适方便。公司主营业务是办公家具,同时也为企业在中国的办公环境构筑提供优质服务,其中包括办公大楼的选定及办公室设计服务、各种工程公司的推荐、施工工程管理服务,为客户提供KOKUYO品牌及其他厂家的办公家具。公司目前在上海、北京、天津、苏州、广州、深圳等地设有分公司。

代表工程:
株式会社东京三菱银行
佳能(中国)有限公司上海分公司
上海伊藤忠商事有限公司
上海日本人学校
索尼(中国)有限公司上海分公司
东芝电子(上海)有限公司
日立建机(上海)有限公司
富士施乐(中国)有限公司
富士通(中国)信息系统有限公司
三菱商事(上海)有限公司

各地联系方式:

国誉装饰技术(上海)有限公司
地址:上海市浦东新区银城东路101号汇丰大厦3楼
邮编:200120
电话:021-68412800

北京分公司
地址:北京市建外大街甲24号东海中心1006~1007室
邮编:100004
电话:010-65157040

广州分公司
地址:广东省广州市天河区林和西路161号中泰国际广场A座23F A20~21室
邮编:510620
电话:020-28858271

深圳分公司
地址:广东省深圳市罗湖区深南东路5002号信兴广场地王商业大楼2801室
邮编:518008
电话:0755-82072818

苏州分公司
地址:江苏省苏州市新区滨河路1156号金狮大厦21-B2
邮编:215011
电话:0521-68415770

天津分公司
地址:天津市南京路75号天津国际大厦908室
邮编:300050
电话:022-23110108

香港分公司
地址:香港湾仔告示大道200号新银集团中心8楼
电话:00852-25718611

LINKNOLL

上海凌诺家具有限公司（代理商）
地址：上海市澳门路351号3F
邮编：200060

电话:021-52640200/52640222
传真:021-62463113/62463117

网址:www.linknoll.com.cn
E-mail:sales@linknoll.com.cn

品牌国别:中国
生产地区:中国

凌诺办公家具产品生产工艺精湛、选材优质,是"简于外、精于内"的典范,另外,凌诺办公家具拥有科学合理的系统设计,可在同一空间内搭配出多变随性的组合。

产品编号:ED-001-D04
品类:班台
规格(mm):2400×1950×750
材质:0.6mm实木贴皮、不锈钢脚
颜色:ME-01
参考价格(元):8850.00
说明:活动柜、抽屉柜面及圆盘脚为银色金属漆涂装

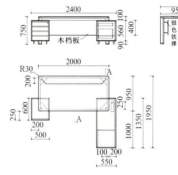

■ 备选材质

| ME-01 | ME-02 | ME-03 | OA-01 |

■ 局部功能特点说明

侧柜带有的长孔不仅可作为多组线路的走线孔,而且还可以为柜内的电脑主机提供良好的通风环境。

蛇形走线管可将各类线隐藏其中,另外,钢制走线槽可以将插座、面板等隐藏于挡板之后。

LINKNOLL

上海凌诺家具有限公司（代理商）
地址：上海市澳门路351号3F
邮编：200060

ED-007系列

产品编号：ED-007-D01
品类：班台
规格(mm)：2000×1900×750
材质：0.6mm实木贴皮、不锈钢脚
颜色：ME-04
参考价格(元)：6750.00
说明：侧柜为破灰色仿皮漆涂装

产品编号：ED-007-D04
品类：班台
规格(mm)：1800×1180×750
材质：仿皮漆涂装、不锈钢脚
颜色：水果绿色
参考价格(元)：4911.00
说明：侧柜为破灰色仿皮漆涂装

产品编号：ED-007-D05
品类：班台
规格(mm)：1800×1180×750
材质：仿皮漆涂装、不锈钢脚
颜色：亚光灰色
参考价格(元)：4911.00
说明：侧柜为破灰色仿皮漆涂装

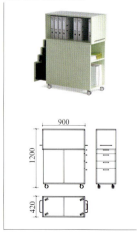

产品编号：ED-007-C912
品类：文件柜
规格(mm)：900×420×1200
材质：仿皮漆涂装
颜色：水果绿色
参考价格(元)：2945.00
说明：配有可锁定万向轮

产品编号：ED-007-88
品类：休闲桌
规格(mm)：800×800×750
材质：仿皮漆涂装
颜色：水果绿色
参考价格(元)：1800.00
说明：配有可锁定万向轮

电话:021-52640200/52640222
传真:021-62463113/62463117
网址:www.linknoll.com.cn
E-mail:sales@linknoll.com.cn
品牌国别:中国
生产地区:中国

ED-008系列

产品编号:ED-008-D04
品类:班台
规格(mm):2000×2000×755
材质:0.6mm实木贴皮
颜色:WA-04
参考价格(元):8600.00
说明:桌面厚35mm;贴木皮;桌脚厚60mm;
采用0.6mm实木皮贴面

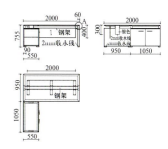

■ 可选配件

部件一

部件二

部件三

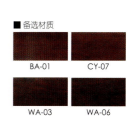

■ 备选材质

BA-01　CY-07
WA-03　WA-06

产品编号:ED-008-3012
品类:会议桌
规格(mm):3000×1200×755
材质:0.6mm实木贴皮
颜色:WA-04
参考价格(元):8500.00
说明:桌面厚40mm;桌脚厚60mm;贴木皮;
桌面由钢制框架支撑;桌面附走线盖板

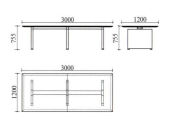

LINKNOLL

上海凌诺家具有限公司（代理商）
地址：上海市澳门路351号3F
邮编：200060

由 **WALTER KNOLL** 授权制造及销售

产品编号：ICON-6103-6111-6120-6133
品类：班台
规格(mm)：3050×2715×750
材质：实木贴面、不锈钢脚
颜色：86
参考价格(元)：184240.00
说明：抽屉柜为银色金属漆涂装

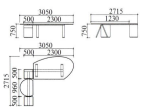

■ 可选配件

柜体1　　柜体2　　柜体3　　柜体4

郑重声明

兹有上海凌诺家具有限公司及德国万德诺公司上海代表处郑重声明：万德诺公司是一家具有逾百年历史的豪华家具生产商。作为全球最著名的高级家具品牌之一的持有者，万德诺公司提供材料优质、做工精细、舒适耐用的现代精美豪华家具和流行办公设备。所有系列产品均为德国原装进口，确保百分百德国品质，无任何成品或配件在中国国内加工制造，亦从未授权国内任何企业进行加工制造。在《中国室内建筑师品牌材料手册2006～2007》中，上海凌诺家具有限公司刊登广告之产品图片系德国万德诺公司所有。第154～155页中，"由Walter Knoll授权制造及销售"及第155页中，描述万德诺产品产地为中国与事实不符，特此更正说明。

上海凌诺家具有限公司自2001年起，致力于系统办公家具的生产与销售。在本手册中，第150～159页"上海凌诺家具有限公司（代理商）"中"代理商"字样与经营事实不符，特此更正为"上海凌诺家具有限公司"。

德国万德诺公司上海代表处
电话：021-64275383
传真：021-64275972

上海凌诺家具有限公司
电话：021-52640222
传真：021-62463113

《中国室内建筑师品牌材料手册》
编委会
电话：010-83546028
传真：010-83546712

WALTER KNOLL

偶像(ICON)系列办公桌由国际知名家具设计大师沃夫冈 C.R. 梅兹格倾力打造。ICON个性化的桌面处理,大空间感的完美布局,经典独特的设计使此款家具为办公环境增添更多亮色,更为使用者带来长久的舒适感。

WALTER KNOLL

www.walterknoll.de

WALTER KNOLL

德国万德诺公司上海代表处

中国上海市漕溪北路18号上海实业大厦 39D
邮　　编：200030
电　　话：+86 21 64275383
传　　真：+86 21 64275972

电话:021-52640200/52640222
传真:021-62463113/62463117

网址:www.linknoll.com.cn
E-mail:sales@linknoll.com.cn

品牌国别:德国
生产地区:中国

L 凌 诺

■ 组合形式

组合形式1

组合形式2

组合形式3

■ 局部功能特点说明

走线面板　桌脚走线　柜面支架

■ 备选材质(上)/备选颜色(下)

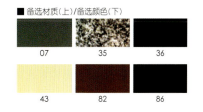
07　35　36
43　82　86

155　华标建材资讯

LINKNOLL

上海凌诺家具有限公司（代理商）
地址：上海市澳门路351号3F
邮编：200060

产品编号：K-1
品类：屏风
规格(mm)：(400～1600)×(100～2000)
材质：铝合金框架、铝镍合金收边盖
颜色：有多种颜色可供选择
参考价格(元)：1218.00(1500×1200全布面)

k-1屏风系统

k-1屏风系统满足了现代办公环境的需求，可根据最基本的组件灵活变换多样的组合方式，能够创造出多种标准工作站和多角度的组合工作站。表板种类多样，可加高或透空，而且可双层走线，丰富的表板材质令空间充盈生命力。

■ 线路管理说明

走线容量

转角走线

内部提供大容量的走线空间，走线表板还可装配电源、电话及网线插座。

网线

电话线

电源线

电话:021-52640200/52640222
传真:021-62463113/62463117

网址:www.linknoll.com.cn
E-mail:sales@linknoll.com.cn

品牌国别:中国
生产地区:中国

L 凌 诺

■ 局部功能特点说明

屏风表板

■ 备选材质

铝框雾玻璃	铝框清(强化)玻璃	铝框清玻璃	铝框雾(强化)玻璃
美欣板	贴布	压克力	压克力屏(加高型)
太阳板	垂直走线槽	单层走线槽	双层走线槽

■ 表板规格

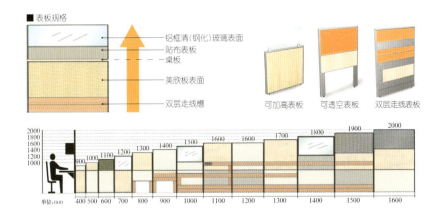

铝框清(钢化)玻璃表面
贴布表板
桌板
美欣板表面
双层走线槽

可加高表板　可透空表板　双层走线表板

■ 可选配件

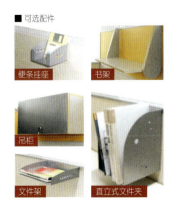

便条挂座　书架
吊柜
文件架　直立式文件夹

157

LINKNOLL

上海凌诺家具有限公司（代理商）
地址：上海市澳门路351号3F
邮编：200060

产品编号：CI-01GX(AL)
品类：主管椅
规格(mm)：680×720×(1180～1250)
材质：牛皮
颜色：黑色
参考价格(元)：3214.00
说明：配有气压棒；背解压多级锁定同步倾仰机构；铝合金冲压成型五星脚架和尼龙万向轮

产品编号：CI-02GX(AL)
品类：主管椅
规格(mm)：680×720×(965～1055)
材质：牛皮
颜色：黑色
参考价格(元)：2830.00
说明：配有气压棒；背解压多级锁定同步倾仰机构；铝合金冲压成型五星脚架和尼龙万向轮

产品编号：CI-03A(AL)
品类：主管椅
规格(mm)：600×620×925
材质：牛皮
颜色：黑色
参考价格(元)：2830.00
说明：铝合金弯管椅架

产品编号：CR-01GX-T(SW)
品类：主管椅（高背）
规格(mm)：700×700×(1090～1180)
材质：布
颜色：黑色
参考价格(元)：1999.00
说明：网布椅背，配有头枕，可调节腰托；可升降扶手；气压棒；背解压多级锁定同步倾仰机构；钢制烤漆五星脚架和尼龙万向轮

产品编号：CR-02GX-T(SW)
品类：主管椅（中背）
规格(mm)：700×700×(990～1080)
材质：布
颜色：黑色
参考价格(元)：1867.00
说明：网布椅背，配有头枕，可调节腰托；可升降扶手；气压棒；背解压多级锁定同步倾仰机构；钢制烤漆五星脚架和尼龙万向轮

产品编号：CZ-01GX(SP)
品类：职员椅（中背）
规格(mm)：640×600×(935～1025)
材质：布
颜色：10-15
参考价格(元)：1867.00
说明：配有气压棒；背解压锁定同步倾仰机构；钢制烤漆五星脚架和尼龙万向轮

产品编号：CZ-02GB(PP)
品类：职员椅（中背）
规格(mm)：640×600×(935～1025)
材质：布
颜色：14-102
参考价格(元)：1056.00
说明：配有气压棒；背倾仰机构；尼龙五星脚架和尼龙万向轮

电话:021-52640200/52640222
传真:021-62463113/62463117

网址:www.linknoll.com.cn
E-mail:sales@linknoll.com.cn

品牌国别:中国
生产地区:中国

凌 诺

产品编号:SL-02
品类:沙发
规格(mm):840×730×650
材质:半皮/合成皮
颜色:白色
参考价格(元):5700.00
说明:不锈钢钢脚支撑

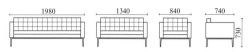

产品编号:SL-04
品类:沙发
规格(mm):800×725×650
材质:半皮/合成皮
颜色:黑色
参考价格(元):5050.00
说明:不锈钢钢脚支撑

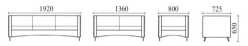

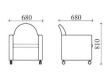

产品编号:SL-010
品类:沙发
规格(mm):680×680×810
材质:压克力布
颜色:V-09
参考价格(元):2900.00
说明:底部加有滑轮

产品编号:SL-51
品类:沙发
规格(mm):820×820×720
材质:压克力布
颜色:红色
参考价格(元):2752.00
说明:可360°旋转

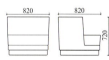

厂商简介:上海凌诺家具有限公司自1999年起致力于办公空间的整体规划及家具配套。销售部门分为专案、浦西、浦东三个项目组,全面协同设计部、服务部负责规模客户、行业客户和辖区直接用户的接洽;设计部则分为产品、平面、效果三个项目组,凌诺空间规划设计师能根据不同客户的具体需求将平面规划、立面展示、产品模块、空间环境融合在一起进行动态模拟,力求全方位展示未来办公空间的场景效果。上海凌诺秉承公司所追求的目标——灵性办公的宗旨,始终坚持以渠道吸引客户、以设计取信客户、以服务赢得客户。

代表工程:荷兰邮政集团(TNT)上海分公司 亨特道格拉斯工业(中国)有限公司 艾利(中国)有限公司 毅仁信息科技有限公司 金地集团上海分公司
上海期货交易所 中外运敦豪 上海第一中级人民法院 法国驻上海领事馆 法拉利上海展厅

质量认证:ISO9001

华润励致洋行家私（珠海）有限公司
地址：广东省珠海市金鼎镇金洲路金鼎工业开发区
邮编：519085

DP26A 屏风系列

当今的办公室需要科技的转变、工作模式的转变和组织架构的转变，DP26A正是为迎合诸多转变而产生的。它的特点在于简约和精确，其核心是单一且通用的连接件，能满足整套系统简便、快捷的组合、变更和转换；线路管理直接而灵活，功能齐备；所提供的文件处理配件，使台面得到更大的空间。DP26A系统是一套格调简约、功能崭新的办公家具系列。

产品编号：DP26A
品类：90°工作站组合
规格(mm)：详细规格请咨询厂商
材质：铝合金框架、扪布面板、防火胶面板、
　　　玻璃面板、阳光面板、烤漆面板
颜色：有多种颜色可供选择
参考价格(元)：详细价格请咨询厂商
说明：屏风的吊挂功能和多样的吊挂配件，
　　　可令办公空间变得整洁

■ 线路管理说明

1. 底部走线可以区分强弱电。
2. 走线槽配有插座孔。
3. 蛇形走线管将强弱电引到台底。
4. 台底电缆槽可安放电线并收集多余的电线。

电话:0756-3382738
传真:0756-3380464

网址: www.crclogic.com
E-mail:sales@zh.crclogic.com

品牌国别:中国
生产地区:中国

HOLMAN 系列

Holman班台系列的推出,在延续实木产品所要表达的气质的同时,加入了现代元素,令整个班台变得鲜活起来。其文件柜与会议台的设计,更令Holman成为一个全面的产品系列。

产品编号:HMD-HMR-HMMP2
品类:班台
规格(mm):2400×1200×750(办公桌)
　　　　　1200×600×665(侧桌连落地柜桶)
　　　　　420×500×595(活动二抽屉柜)
材质:进口实木木皮表面,皮革写字垫,金属配件
颜色:有多种颜色可供选择
参考价格(元):详细价格请咨询厂商
说明:配套产品有文件柜、矮背柜、会议台

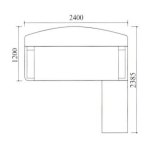

■ 局部功能特点说明

反传统的电线管理系统,大大加强了其实用性。

华润励致洋行家私（珠海）有限公司
地址：广东省珠海市金鼎镇金洲路金鼎工业开发区
邮编：519085

CURVY 系列

Curvy系列产品是以弧线的设计为主题，围绕这个理念，将活泼的灵感和现代的韵律融入其中，令环境摆脱直线与方块的束缚，最大限度地在办公空间中获得自然体验。

产品编号：CUVMT-K1930
品类：椭圆形会议台
规格(mm)：4994×3006×745
材质：防火胶板表面、金属烤漆台脚
颜色：有多种颜色可供选择
参考价格(元)：详细价格请咨询厂商
说明：另备有规格(mm)为3863×2537×745的产品可供选择

电话:0756-3382738
传真:0756-3380464

网址:www.crclogic.com
E-mail:sales@zh.crclogic.com

品牌国别:中国
生产地区:中国

L 华润励致

产品编号:CUVWDR1812065
品类:弧形办公桌
规格(mm):1800×1200×745
参考价格(元):详细价格请咨询厂商

产品编号:CUVMTD2412/K
品类:鼓形会议桌
规格(mm):2400×1200×745
参考价格(元):详细价格请咨询厂商

产品编号:CUV-COR150/T
品类:杏核形会议桌
规格(mm):1500×1500×745
参考价格(元):详细价格请咨询厂商

■ 备选材质

| FY 黄石纹 | CM 贵族樱桃木 | E 温莎红木 | V 梨木 | M3 山陵枫木 | C3 红山毛榉 | M5 马尼托巴枫木 |

163 华标建材资讯

LOGIC

华润励致洋行家私（珠海）有限公司
地址：广东省珠海市金鼎镇金洲路金鼎工业开发区
邮编：519085

DON 系列

Don系列座椅突破传统班椅的概念，有如它的名字一般给人以亲切感。薄款和厚款的设计，可满足不同使用者的需求和喜好。

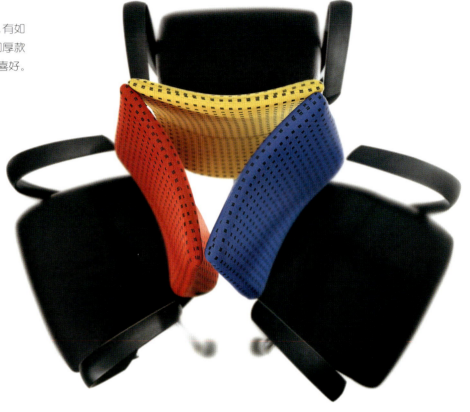

产品编号：DON1111
品类：主管椅
规格(mm)：670×560×（950～1025）
材质：抛光铝星脚，胶扶手
颜色：有多种颜色可供选择
参考价格(元)：详细价格请咨询厂商
说明：DON系列座椅另备有编号为DON1011、DON1021、DON1121、DON1112的产品以及规格(mm)为670×560×（1170～1245）的产品可供选择

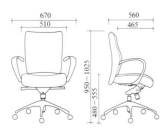

■ 局部功能特点说明

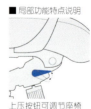
上压按钮可调节座椅升降。

同步倾仰并能5个角度锁定，适合工作中各种不同坐姿的需要。

旋转按钮可调节倾仰时的松紧程度。

椅背布套采用拉链设计，便于拆卸，方便清洗。

电话:0756-3382738
传真:0756-3380464

网址:www.crclogic.com
E-mail:sales@zh.crclogic.com

品牌国别:中国
生产地区:中国

华润励致

产品编号:CUN100198C-C
品类:文件储存高柜
规格(mm):1000×450×1980
材质:冷轧钢板、工程塑料
颜色:破灰色
参考价格(元):详细价格请咨询厂商
说明:高耐受性树脂粉末喷涂表面处理;
金属部分主配破灰、黑、浅灰、银色,
也可以从色板中选其他颜色

C-UNICLASS 系列

C-Uniclass系列是两边卷门铁柜的经典之作,特为贮存大量文件档案而设计,备有多种灵活变化的贮存配件,能满足贮存不同文件档案的需要。

■ 产品型号及配件列表

品类	产品编号	规格(mm)
卷门高柜	CUN080198	800×450×1980
卷门高柜	CUN090198	900×450×1980
卷门高柜	CUN100198	1000×450×1980
卷门高柜	CUN120198	1200×450×1980
卷门矮柜	CUN100102	1000×450×1020
卷门矮柜	CUN120102	1200×450×1020
卷门矮柜	CUN080072	800×450×720
卷门矮柜	CUN090072	900×450×720
卷门矮柜	CUN100072	1000×450×720
卷门矮柜	CUN120072	1200×450×720
层板	CUNS100-2B	1000
层板	CUNS120-2B	1200
趟拉式文件架	CUNMF1000B	1000
趟拉式文件架	CUNMF1000B	1200

■ 局部功能特点说明

配有坚固支座的活动文件架,可贮放A4及F4文件。 | 斜放式文件分类格,方便文件提存。 | 设有多个间格的横放式文件分类格,可有条理地贮放不同类别的文件。 | 四个水平脚垫使柜身能平稳地摆放。

厂商简介:华润励致洋行的前身励致洋行1987年在香港成立。1993年华润创业集团开始入股励致。励致洋行于1994年11月在香港联交所上市,同年,在中国珠海和广州建立工厂。1997年初,励致洋行成为中国首家获得了中国国家商品检验局(CCIB)及德国RWTUV颁发的ISO9002品保体系双重认证的办公家具制造商。之后,又获得了ISO9001质量管理体系认证和ISO14001环保体系认证,以及ISO14025环境标志国际标准Ⅲ型环境标志证书。华润励致洋行所销售的产品,囊括了不同材质的办公桌、会议桌、屏风系统家具、座椅、沙发、文件柜等,并成为世界知名的日本ITOKI特约代理商。

各地联系方式:

北京分行
地址:北京市朝阳区东三环北路甲34号清华工美大厦2层
邮编:100020
电话:010-65956901
传真:010-65956890

上海分行
地址:上海市淮海中路283号香港广场S1004~S1005室
邮编:200021
电话:021-63906688
传真:021-63906277

深圳分行
地址:广东省深圳市福田区天安数码时代大厦A座12楼12~13室
邮编:518000
电话:0755-25182333
传真:0755-83476602

广州分行
地址:广东省广州市小北路185~189号广州鹏源发展大厦12层
邮编:510045
电话:020-83563966
传真:020-83563963

重庆分行
地址:重庆市渝中区上清寺太平洋广场A座8楼
邮编:400015
电话:023-63626702/63633949
传真:023-63627751

成都分行
地址:四川省成都市顺城街252号顺吉大厦7楼B室
邮编:610016
电话:028-86747737
传真:028-86512684

大连分行
地址:辽宁省大连市中山区人民路24号平安大厦1609室
电话:0411-85828201-03
传真:0411-85828298

南京分行
地址:江苏省南京市中山东路18号南京国际贸易中心13楼B5座
邮编:210005
电话:025-84791586
传真:025-84791583

昆明分行
地址:云南省昆明市青年路389号志远大厦19楼B座
邮编:650021
电话:0871-3175848
传真:0871-3182043

苏州分行
地址:江苏省苏州市东环路1400号综艺开元广场1104室
电话:0512-67156198
传真:0512-67156615

分销商总部
地址:广东省珠海市金鼎镇金洲路金鼎工业开发区
电话:0756-3382738
传真:0756-3380464

代表工程:诺基亚(中国)投资有限公司 中国网络通信有限公司 中国证券监督管理委员会 英特尔技术发展有限公司 中国国电集团公司 戴尔计算机(中国)有限公司 安利(中国)日用品有限公司 扬子石化-巴斯夫有限责任公司

质量认证:德国RWTUV
中国CCIB ISO9002 ISO14001

铭立(中国)有限公司
地址：上海闵行经济技术开发区南沙路8号
邮编：200245

planmöbel 德国Planmöbel 授权制造及销售

Part-3系列

富有表现力的外观、创新的细节及精良的制造，part-3赋予优雅的办公环境以独特的个性。该系列包含三个元素，即台面、框架及储物盒，三者随意搭配，率性组合，完美塑造个性化办公空间。

电话:021-62780216
传真:021-62780217

网址:www.matsu.cn
E-mail:shanghai@matsu.cn

品牌国别:德国
生产地区:德国/中国

■ 1. part-3天生具备接受挑战的特质,时刻准备着为欣赏它的人极尽发挥百变组合的功能,适应各项新的任务。
■ 2. 运用part-3,用户可根据自己的工作性质及品味布置独特的办公空间,如,针对一名果断干练的中层管理者,他的工作空间可由三部分组成:一个独立的工作区、一个储物档案区和一个团队交流区。

part-3
品类:行政办公桌
规格(mm):1900×1000/2100×1000
材质:实木台面、钢制框架
颜色:多种木纹色可选
参考价格(元):详细价格请咨询厂商

■ 局部功能说明

拥有精致托臂的铝铸外射形独立台脚是part-3的特色,智能化的构造,使其不仅能支撑台面,还可适配额外的配件。

双层台面结构,14mm隐形外刃式收边,令台面看起来更优美纤薄。台下金属加强杆在确保台面稳固的同时,又提供完美的水平走线功能。

MATSU OFFICE FURNITURE 铭立

铭立（中国）有限公司
地址：上海闵行经济技术开发区南沙路8号
邮编：200245

kusch|co 高档办公椅系列

Phoenix 系列

Phoenix系列产品将人性化设计的理念发挥到极至，将舒适与功能的协调完美演绎，以超现代手法进行整体设计，线条明朗、流畅，造型新颖、前卫，具有极高的创造性，充分配合了科技新锐及精英人士的独特气质。

Phoenix系列
产品编号：9200-3
品类：多功能转椅（带头枕）
规格(mm)：详见产品说明
材质：真皮/阻燃布
颜色：黑色/有多款阻燃布色可供选择

Phoenix系列
产品编号：9200-2
品类：多功能转椅
规格(mm)：详见产品说明
材质：真皮/阻燃布
颜色：蓝色/有多款阻燃布色可供选择

Papilio系列
产品编号：9257-3
品类：多功能转椅
规格(mm)：详见产品说明
材质：阻燃布
颜色：黑色/有多款阻燃布色可供选择

■ Phoenix/Papilio系列产品说明

产品编号	品类	产品配置	功能	规格(mm)	参考价格(元)
9200-3	多功能转椅	抛光椅背托及扶手托,抛光五星脚,头枕	头枕上下前后调节;椅背上下调节;椅座前后调节;椅座前端倾斜度调节;	W:660/D:670~870/H:1000~1210/SH:400~520	10640.00
9200-2	多功能转椅	喷粉椅背托及扶手托,喷粉五星脚	扶手高度、前后左右调节;同步倾仰;气压高度调节	W:660/D:670~870/H:1000~1210/SH:400~520	8172.00
9257-3	多功能转椅	塑胶椅背托及扶手,塑胶五星脚	椅背上下调节;椅座前后调节;扶手高度调节及水平扩展调节;气动腰托(按钮操作);同步倾仰;气压高度调节	W:660/D:670~870/H:1000~1210/SH:400~520	5760.00

备注：①W-椅座宽度（width）；D-椅座深度（depth）；H-座椅高度（height）；SH-椅座高度（seat height）。
②9200系列座椅的椅背托、扶手托及五星脚有抛光及喷粉两种可供选择。

电话:021-62780216
传真:021-62780217

网址:www.matsu.cn
E-mail:shanghai@matsu.cn

品牌国别:德国
生产地区:德国/中国

M 铭立

8400系列	8460系列	8470系列	8430系列
产品编号:8418-3	产品编号:8461-3	产品编号:8470-3	产品编号:8437-4
品类:高背转椅	品类:中背转椅	品类:中背弓字脚椅	品类:中背弓字脚椅
规格(mm):详见产品说明	规格(mm):详见产品说明	规格(mm):详见产品说明	规格(mm):详见产品说明
材质:特制网布外覆真皮皮垫(椅背),真皮(椅座)	材质:阻燃布料	材质:阻燃布料	材质:特制网布外覆真皮皮垫(椅背),真皮(椅座)
颜色:黑色	颜色:有多种颜色可供选择	颜色:有多种颜色可供选择	颜色:黑色

Ona Work 系列

Ona work系列产品具备清晰的线条及舒适的坐感,如此高贵的外观和卓越的功能使其被广泛应用于独立工作空间和大型办公场所。

■ 8400/8460/8470系列产品说明

产品编号	品类	产品配置	功能	规格(mm)	参考价格(元)
8418-3	高背转椅	塑胶扶手,真皮背垫,抛光五星脚	同步倾仰,气压升降	W:630/D:600/H:1220~1330/SH:430~540	6800.00
8461-3	中背转椅	塑胶扶手,塑胶五星脚	椅背上下调节,可调节扶手,椅座前后调节,同步倾仰,气压升降	W:710/D:640~690/H:910~(1020/1110)/SH:420~530	2600.00
8470-3	中背转椅	塑胶扶手,塑胶五星脚	同步倾仰,气压升降	W:630/D:590/H:930~1000/SH:420~530	1480.00
8437-4	中背弓字脚椅	塑胶扶手,真皮背垫,亮光铬弓字脚	可叠叠	W:590/D:620/H:940/SH:450	4440.00

备注:W-椅座宽度(width);D-椅座深度(depth);H-座椅高度(height);SH-椅座高度(seat height)。

铭立(中国)有限公司
地址：上海闵行经济技术开发区南沙路8号
邮编：200245

kusch|co 高档餐椅系列

Trio 系列

巧夺天工的精密制造，丰富多变的加工工艺，Trio可融合于不同的环境，无论是热烈生动的环境，还是严肃庄严的氛围，或是紧张纷繁的空间，Trio提供的不仅是夺人眼球的精致美观，更有着无尽的舒适。

1150系列
产品编号：1152-2
品类：垛叠雪橇脚椅
规格(mm)：详见产品说明
材质：一体成型桦木层压板外覆榉木贴面，阻燃布料
颜色：原榉木色、黑色(椅体)，椅垫有多款颜色可供选择

1160系列
产品编号：1160-4
品类：垛叠四脚椅
规格(mm)：详见产品说明
材质：一体成型桦木层压板外覆榉木贴面，阻燃布料
颜色：原榉木色、黑色(椅体)，椅垫有多款颜色可供选择

1170系列
产品编号：1174-3
品类：弓字脚椅
规格(mm)：详见产品说明
材质：一体成型桦木层压板外覆榉木贴面，阻燃布料
颜色：原榉木色、黑色(椅体)，椅垫有多款颜色可供选择

1100系列
产品编号：1102-5
品类：三位排椅
规格(mm)：详见产品说明
材质：一体成型桦木层压板外覆榉木贴面，阻燃布料
颜色：原榉木色、黑色(椅体)，椅垫有多款颜色可供选择

■ 1160/1150/1170/1100系列产品说明

产品编号	品类	产品配置	规格(mm)	参考价格(元)
1152-2	垛叠雪橇脚椅	亮光铬椅架，原榉木色椅板，带座垫	W:520/D:550/H:820/SH:450	976.00
1160-4	垛叠四脚椅	亮光铬椅架，黑色椅板，亮光铬扶手(可配PVC扶手套)	W:560/D:550/H:820/SH:450	1040.00
1174-3	弓字脚椅	亮光铬椅架，亮光铬扶手(可配PVC扶手套)，扣椅垫	W:540/D:540/H:820/SH:450	1208.00
1102-5	三位排椅	亮光铬椅脚，原榉木色椅板(可配角几及PVC扶手)，分体座背垫	W:1750/D:550/H:810/SH:450	3296.00

备注：①W-椅座宽度(width)；D-椅座深度(depth)；H-座椅高度(height)；SH-椅座高度(seat height)
②椅背及椅座皆可覆加连体式或分体式布垫。
③本款产品特别适用于大型餐厅、会议厅及洽谈室。

电话:021-62780216
传真:021-62780217

网址:www.matsu.cn
E-mail:shanghai@matsu.cn

品牌国别:德国
生产地区:德国/中国

Profession 系列

灵活、便捷、易于收藏的Profession系列产品,将E时代所崇尚的简约、高效、沟通和人性化的理念表达得淋漓尽致,它的设计含量高、实用性强,更具节省空间、节省人力的绝对优势,越来越受到年青一代的青睐。

产品编号:9100-6	产品编号:9180-8	产品编号:9154-8	产品编号:9160-8	产品编号:9112-4
品类:折叠台	品类:钉板	品类:电脑用手推车	品类:演讲台	品类:推叠四脚椅
规格(mm):1400×700×740	规格(mm):1240×420×1900	规格(mm):460×550×920	规格(mm):430×400×1120	规格(mm):详见产品说明
材质:详见产品说明	材质:详见产品说明	材质:详见产品说明	材质:详见产品说明	材质:详见产品说明
颜色:主推灰白色	颜色:灰白色	颜色:主推灰白色	颜色:主推灰白色	颜色:黑色椅背,椅座有多种颜色可供选择

产品编号	品类	产品配置	规格(mm)	参考价格(元)
9100-6	折叠台	喷粉台架,亮光铬台脚,黑色脚轮(其中二个可锁定),灰白色三聚氰胺板台面或防火胶板台面,可选配钢制冲孔前挡板	1400×700×740	2200.00
9180-8	钉板	喷粉框架,毛毡板,黑色脚垫,可选配脚轮	1240×420×1900	1600.00
9154-8	电脑手推车	喷粉车架,灰白胶板台面,冲孔挡板,黑色脚轮,可选配钢制侧挡板	460×550×920	2480.00
9160-8	演讲台	喷粉台架,灰白色胶板台面,冲孔钢挡板,脚轮	430×400×1120	1824.00
9112-4	推叠四脚椅	亮光铬椅架,折叠椅面,塑胶椅背,塑胶折叠扶手,脚轮	W:600/D:490/H:800/SH:450	1168.00

备注:①W-椅座宽度(width);D-椅座深度(depth);H-座椅高度(height);SH-座椅高度(seat height)。
②座椅分为埃叠及推叠两大系列,可通过连接件连接成排椅。

铭立（中国）有限公司
地址：上海闵行经济技术开发区南沙路8号
邮编：200245

CUKA 屏风工作站系统

CUKA屏风系统现代而人性化的设计，张扬着一种经典与永恒，采用25mm薄形屏风，从铝合金的柱状结构，丰富的饰面材料到功能强大的走线设计，每个元素都显现着金属质感与以人为本的设计理念。不仅讲究质量，同时更强调功能、触感、人体工效学和环保等各方面统一起来的完整思维。

CUKA屏风工作站
品类：双人位屏风工作站
规格(mm)：详见工程图
材质：三聚氰胺板贴面(台板)，铝合金(框架)，
扪布(屏风)，铝合金铸压件(配件)
颜色：灰白色(台板)
参考价格(元)：6200.00
说明：参考价格包含屏风挂件及桌下
走线槽；不包含推柜及座椅

电话:021-62780216
传真:021-62780217

网址:www.matsu.cn
E-mail:shanghai@matsu.cn

品牌国别:德国
生产地区:德国/中国

M 铭立

■ 1. 饰面——CUKA台上屏风与落地屏风的材质可以有更多的选择,胶板、布面、玻璃、仿皮、冲孔钢板等饰面材料的组合应用,提供了更大的设计空间和丰富的视觉感受,让原本一成不变的工作总是充满乐趣。
■ 2. 配件——CUKA屏风系统强调功能实用和个性考究,文具架、托盘、笔筒、台灯等配件都可以任意固定在最合适的地方,配以全方位的走线功能,为工作站提供有效的创意空间。
■ 3. 走线——CUKA高120mm的走线槽设计,不仅外观极具工业化生产的质感,而且走线功能强大,严格分开强弱电,方便重复布线,实现现代化走线。
■ 4. 5. 结构——CUKA屏风系统强调金属的结构美感,通过铝合金柱加台托,从精确的力学角度把屏风、台板紧密连接,形成稳固的三角形结构,不仅大大增强了工作位系统的稳定性,更展示出强烈的个性化形象。
■ 6. 7. 8. 组合——仅仅依托六个基本模块作为执行创造性规划,营造出适合企业个性需求的各种组合。形状各异的台板、高低变化的屏风,可简单增加或更改的基本元件,都可根据已知空间位置和使用者的需要进行任意搭配。

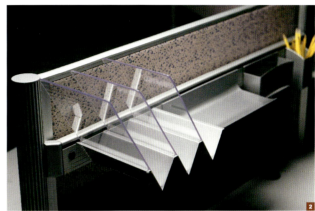

6 独立豪华工作站
运用屏风灯和台灯双光照明;玻璃台上屏风与MFC板落地屏风组合;配套式会客台;配托盘、数据线与桌面走线槽等附件;最适合现代主管,独立私密性强却不失亲和力。

7 标准双人工作站
运用台灯照明,玻璃台上屏风与MFC板落地屏风组合;配各自独立的立式会客台;配托盘、数据线与桌面走线槽等附件;实现资源共享,方便沟通。

8 标准四人工作站
运用屏风灯和台灯双光照明;玻璃台上屏风与布面落地屏风组合;配文件架、数据线与桌面走线槽等附件;资源共享与团队精神更为凸显。

铭立(中国)有限公司
地址：上海闵行经济技术开发区南沙路8号
邮编：200245

Waldmann Lighting 威明办公照明系统

德国Waldmann提出——"双光"照明，即工作光和环境光照明的科学环境概念。工作光即日光型荧光光源直接照射读写区域产生明亮、无眩光且可调节的照明；环境光是由日光型荧光光源，通过反射光盘的漫射充满整个办公环境，营造出柔和温馨的办公氛围。

电话:021-62780216
传真:021-62780217

网址:www.matsu.cn
E-mail:shanghai@matsu.cn

品牌国别:德国
生产地区:德国/中国

产品编号:straight LXSF 455/2
品类:落地灯
规格:详见工程图
材质:钢、塑料(灯体),钢管(灯柱),钢板(底座)
颜色:金属银
参考价格(元):12210.00
说明:灯头可左右转动90°

产品编号:eos DVT 455/2
品类:台钳灯
规格:详见工程图
材质:铝、塑料(灯体),钢管(灯柱)
颜色:金属银
参考价格(元):7250.00
说明:灯头可左右转动90°

产品编号:eos DVA 455/2
品类:屏风灯
规格:详见工程图
材质:铝、塑料(灯体),钢管(灯柱)
颜色:金属银
参考价格(元):6800.00
说明:灯头可左右转动90°

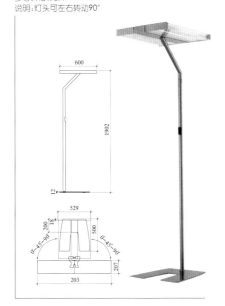

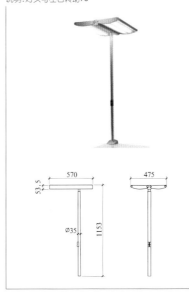

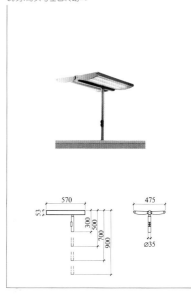

产品编号:eos DVP 254
品类:悬吊灯
规格:详见工程图
材质:铝、塑料
颜色:金属银
参考价格(元):4650.00
说明:

产品编号:eos DVW 155
品类:壁灯
规格:详见工程图
材质:铝、塑料
颜色:金属银
参考价格(元):2680.00
说明:

产品编号:diva PTE 111
品类:台灯
规格:详见工程图
材质:铝
颜色:阳极氧化铝色
参考价格(元):2890.00
说明:

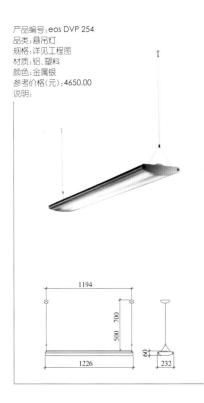

铭立(中国)有限公司
地址:上海闵行经济技术开发区南沙路8号
邮编:200245

ATHENA 高间隔系统

ATHENA是希腊神话中的战神与智慧女神,铭立将其所代表的要义融入高间隔系统之中:坚固的结构、全方位的连接架构起轩昂的身躯;多彩的饰面、百变的搭配体现其出类拔萃的风姿;完善的走线系统、精良的电气开关配置突显出无限的睿智。ATHENA以其简洁、大气、卓越的性能突破传统、单一的办公空间,规划出无限美观、立体、实用的功能布局。

电话:021-62780216
传真:021-62780217

网址:www.matsu.cn
E-mail:shanghai@matsu.cn

品牌国别:德国
生产地区:德国/中国

M 铭立

■ 局部功能特点说明

玻璃门　玻璃门

玻璃门　趟门

暗门　暗门

■ 线路管理说明

ATHENA高间隔系统具有强大的走线功能,横向纵向的内部线槽设计,无论是天花走线或是地插走线,"上天入地"一气贯穿。

■ 备选材质

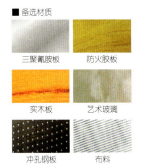
三聚氰胺板　防火胶板
实木板　艺术玻璃
冲孔钢板　布料

■ 特殊转角功能示意图

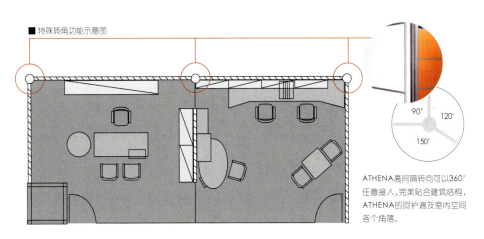

ATHENA高间隔转向可以360°任意接入,完美贴合建筑结构,ATHENA的呵护遍及室内空间各个角落。

产品编号	品类	规格(mm)	参考价格(元)
AT-JG88-BY	双面钢化清玻百叶窗高间隔	框架厚度:88mm;玻璃厚度:6mm	1536.00/m²
AT-JG-BYS	百叶窗间隔手动配件	——	120.00/套
AT-JG-BYD	百叶窗间隔电动配件	——	680.00/套
AT-JG36-QB	单面钢化玻璃高间隔	框架厚度:36mm;玻璃厚度:12mm	968.00/m²
AT-JG88-MFC	双面标准板高间隔	框架厚度:88mm;面板厚度:9mm	1200.00/m²

铭立(中国)有限公司
地址：上海闵行经济技术开发区南沙路8号
邮编：200245

BURKHARDT LEITNER 移动隔间系统

PILA 办公和公共空间系统

PILA Office一系列灵活的组件可组成一个开放式的空间结构，可以自由地缩小、扩大或移动。这种空间结构可以采用玻璃、布料、板材等面材，不仅能兼顾与公众的沟通，而且可以保证个体交流的私密性。移动办公盒既满足了高流动性的需求，又提供了独立的工作空间。通讯、电路、层板、吊柜、照明等设备一应俱全，并且布局合理。

电话:021-62780216
传真:021-62780217

网址:www.matsu.cn
E-mail:shanghai@matsu.cn

品牌国别:德国
生产地区:德国/中国

M 铭立

灵性、生动、高效的办公空间

■ 1.当晨风轻拂昨日案头的文档,在一方小小的拥有无限沟通的天地中,从人机对话开始,忙碌、紧张的一天拉开序幕。

■ 2.当午后金色的阳光洒遍书柜的每一层,无尘的桌边,醇香的咖啡,暂且放松心情,尽情享受这一刻的悠然与写意。

■ 3.当星星眨起眼睛,柔和的灯光下,整洁宽敞的办公桌前,拥有的是今天努力的收获,向往的是明天多彩的追求。

厂商简介:铭立(中国)有限公司是专业办公环境设计规划及办公家具系统、办公照明系统制造、销售和工程配套公司,是德国著名企业 kusch+co planmöbel BURKHARDT LEITNER constructiv TOUCAN-T CARPET MANUFACTURE 在国内的战略合作伙伴,产品面向国内高档市场,出口至亚洲及德国。铭立将"功效学"作为产品设计的理论基础,以"全面提升办公环境的工作质素"为经营理念,真正营造健康、灵动、高效、时尚的四维立体的办公环境。

各地联系方式:

广州铭立
地址:广东省广州市先烈中路76号中侨大厦2楼、7楼
邮编:510075
电话:020-87326988
传真:020-87326326

上海铭立
地址:上海市闵行经济技术开发区南沙路8号
邮编:200245
电话:021-62780216
传真:021-62780217

北京铭立
地址:北京市朝阳区建国路88号SOHO现代城1号楼2603室
邮编:100020
电话:010-85806948
传真:010-85800795

代表工程:华晨宝马 摩托罗拉 诺基亚 飞索 欧姆龙 约克空调 深圳发展银行 南方都市报 云南红塔 汽巴精化 卡尔蔡斯 英飞凌 热电 艾利 山东鲁能 河北建设银行 大亚湾核电 海南电信

NUMEN 名美

浙江春光名美家具制造有限公司
地址：浙江省杭州市萧山经济技术开发区桥南区春潮路7号
邮编：311215

方延斯屏风工作组合
产品编号：PF-17C
规格(mm)：5090×2400×1100
材质：三聚氰胺板(桌面)，铝材(屏风)
颜色：有多种颜色可供选择
参考价格(元)：详细价格请咨询厂商
说明：PVC封边；德国五金配件

电话:0571-22811888
传真:0571-22817833

网址:www.mingmei.com
E-mail:chunguang@mingmei.com

品牌国别:中国
生产地区:中国

春光名美

■ 局部功能特点说明

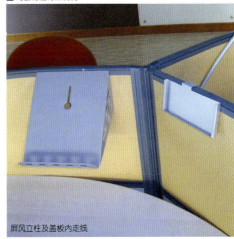
屏风立柱及盖板内走线

三抽移动柜

屏风挂件的使用及台灯不同的
固定方式

方延斯屏风

方延斯屏风工作组合流线型的整体造型,舒适的大工作位,超薄的屏风,人性化的设计创造无限的工作乐趣!

■ 备选材质

白松同雕木纹　　白橡木　　白榉木　　新橡木千思浮雕

浙江春光名美家具制造有限公司
地址：浙江省杭州市萧山经济技术开发区桥南区春潮路7号
邮编：311215

圣迈克系列

圣迈克系列外观简洁，设计师把时尚的装饰和强大的功能完美结合在一起。

圣迈克系列
产品编号：FH-18A
品类：会议桌
规格(mm)：3000×1200×760
材质：三聚氰胺板
颜色：有多种颜色可供选择
参考价格(元)：详细价格请咨询厂商
说明：PVC封边；德国五金配件

■ 局部功能特点说明

磨砂玻璃与板材有机结合的桌面

■ 备选材质

白松同雕木纹　　白橡木

白桦木　　特黑水曲柳浮雕

圣迈克系列
产品编号：FZG-18A
品类：主管桌
规格(mm)：2000×850×760
材质：三聚氰胺板
颜色：有多种颜色可供选择
参考价格(元)：详细价格请咨询厂商
说明：PVC封边；德国五金配件

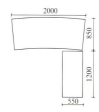

■ 可选配件

侧柜

■ 备选材质

白松同雕木纹　　白橡木

白桦木　　特黑水曲柳浮雕

电话：0571-22811888
传真：0571-22817833

网址：www.mingmei.com
E-mail:chunguang@mingmei.com

品牌国别：中国
生产地区：中国

奥斯特系列

奥斯特系列班台特有的鹰造型图形的桌面，把动和静、曲和直、钢和木完美融合于班台之中；
会议桌外形稳重大气，强大的走线功能更能配合网络会议和数字会议的需要。

奥斯特系列
产品编号：YB-88
品类：大班台
规格(mm)：3090×2130×760
材质：胡桃木皮贴面
颜色：有多种颜色可供选择
参考价格(元)：详细价格请咨询厂商
说明：德国五金配件

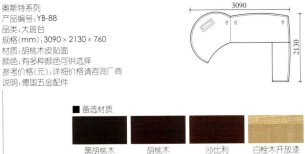

■ 备选材质

| 黑胡桃木 | 胡桃木 | 沙比利 | 白栓木开放漆 |

奥斯特系列
产品编号：YH-88
品类：会议桌
规格(mm)：5600×1800×760
材质：胡桃木皮贴面
颜色：有多种颜色可供选择
参考价格(元)：详细价格请咨询厂商
说明：桌面上附软皮，德国进品五金配件

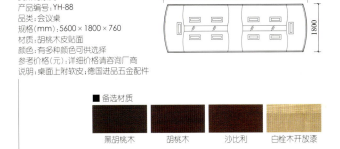

■ 备选材质

| 黑胡桃木 | 胡桃木 | 沙比利 | 白栓木开放漆 |

厂商简介：浙江春光名美家具制造有限公司创建于1985年，是一家集研发、制造、销售为一体，生产中高档"名美"牌办公家具、酒店家具及民用沙发的大型合资企业（港资）。公司秉持"诚信营销"的经营理念，维护客户的消费权益，来回报一直关心支持春光事业发展的社会各界朋友们。如今，春光名美家具在全国已拥有以上海、杭州、苏州、郑州、北京、西安等城市为中心的30多家经销、直销网点，产品行销全国20多个省市，并销往欧美市场。

各地联系方式：

杭州分公司
地址：浙江省杭州市凯旋北路345号物产大厦23楼F座
邮编：310021
电话/传真：0571-86772608

上海一分公司
地址：上海市徐汇区零陵路789弄5号902室
邮编：200030
电话/传真：021-64273156

上海二分公司
地址：上海延安西路1358号迎龙大厦2号楼4C
邮编：200052
电话/传真：021-62834685

南京分公司
地址：江苏省南京市龙潘中路311号达美广场1905室
邮编：210002
电话/传真：025-84645165

苏州分公司
地址：江苏省江诚区里口家具杭州办公家具大世界
邮编：215133
电话/传真：0512-65756298

郑州分公司
地址：河南省郑州市郑汴路89号万成家具城
邮编：450004
电话/传真：0371-66511884

嵊州分公司
地址：浙江省嵊州市嵊州大道198号富豪名家具
邮编：312400
电话/传真：0575-3027760

代表工程：浙江省国家安全厅 杭州市人民政府 宁波市鄞州区政府 上海市公安局 杭州日报社 浙江石化集团 江苏省人民政府 喜来登大酒店 河南省广电厅 中国人寿保险公司

质量认证：ISO9001 ISO14000

上海冈村家具物流设备有限公司
地址：上海市南京西路1266号恒隆广场1908～1909室
邮编：200040

冈村设计生产的产品主要涉及办公环境、文教设施、医疗研究、金融商业、原子能设施、信息管理系统、建材、SOHO设施、流通系统、商业设施、流体变速机等，其领域极其广泛。

电话:021-62881139
传真:021-62881537

网址:www.okamura.cn
E-mail:okamurasha@uninet.com.cn

品牌国别:日本
生产地区:日本

NT系列
产品编号:NT
品类:屏风
规格(mm):详见工程图
材质:防火板台面
颜色:M(F630)
参考价格(元):详细价格请咨询厂商

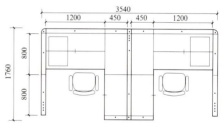

■ 线路管理说明

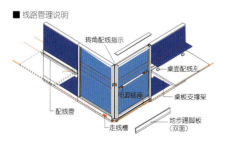

■ 规格系统

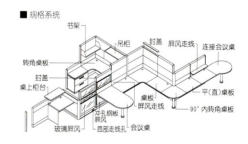

■ 备选颜色

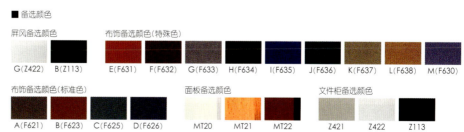

屏风备选颜色: G(Z422) B(Z113)
布饰备选颜色(特殊色): E(F631) F(F632) G(F633) H(F634) I(F635) J(F636) K(F637) L(F638) M(F630)
布饰备选颜色(标准色): A(F621) B(F623) C(F625) D(F626)
面板备选颜色: MT20 MT21 MT22
文件柜备选颜色: Z421 Z422 Z113

185

okamura

上海冈村家具物流设备有限公司
地址：上海市南京西路1266号恒隆广场1908～1909室
邮编：200040

DY 系列

DY系列
产品编号：DY
品类：办公桌
规格(mm)：详见工程图
材质：钢制框架、美耐板贴面
颜色：灰白色
参考价格(元)：详细价格请咨询厂商
说明：桌面采用美耐化妆板，抽屉面板采用永久防电塑胶素材

■ 组合设计

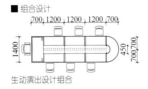
生动演出设计组合

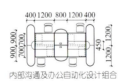
内部沟通及办公自动化设计组合

个人工作型设计组合

干员型设计组合

■ 可选配件

柜台

桌面隔板

周边隔板

■ 备选颜色

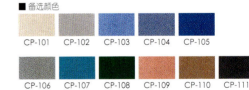

CP-101　CP-102　CP-103　CP-104　CP-105
CP-106　CP-107　CP-108　CP-109　CP-110　CP-111

■ 局部功能特点说明

L形桌脚距地面25mm，各种线路可轻易通过。

幕板距地面150mm，不会受到地面突起物的影响。

抽屉采用双刃连动锁，锁上一个钥匙孔即能全部上锁。

矮柜上面设有便于使用的大型把手。

桌面上备有2个配线罩，可用来安装插座。

电话:021-62881139
传真:021-62881537
网址:www.okamura.cn
E-mail:okamurasha@uninet.com.cn
品牌国别:日本
生产地区:日本

FT 系列

FT系列
产品编号:FT
品类:文件柜
规格(mm):详见工程图
材质:钢制
颜色:灰白色
参考价格(元):详细价格请咨询厂商
说明:进口钢板,防静电粉末喷涂

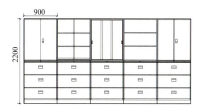

■ 可选配件

隔板　　底板部件　　顶盖部件　　衣架　　悬挂架(A4 FtoB)　　悬挂架(FtoB)　　悬挂架(A4 StoS)　　悬挂架(B4 FtoB)

■ 局部功能特点说明

柜门可以开启180°,保持走廊通道的顺畅,存取自如。

横放型档案柜最大承重为60kg,抽屉分为3部分,可容纳B4大小的文件。

书柜装有3组滑门,方便在任何位置取物。

隔板最大承重为50kg,并可在柜内随意调节位置,调节定距为16mm。

okamura

上海冈村家具物流设备有限公司
地址:上海市南京西路1266号恒隆广场1908~1909室
邮编:200040

PROSTAGE系列
产品编号:PROSTAGE-DESK
品类:办公桌
规格(mm):详见工程图
材质:铝合金框架、防火板台面
颜色:银灰色、原木色
参考价格(元):详细价格请咨询厂商

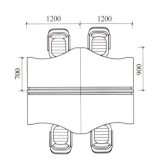

■ 线路管理说明

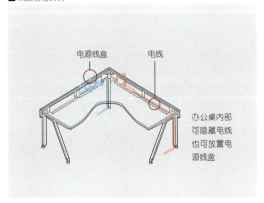

办公桌内部可隐藏电线也可放置电源线盒

■ 局部功能特点说明

前嵌板用于固定桌面屏风。

纵向及水平走线与透明材料相配合,使得维修与检测更加方便。

内部走线采用十字连接方式,最大容量为32mm×40mm。

屏风与桌面之间有32mm的间隙,既可以容纳多条线路,也可以防止桌面物体滑落。

桌旁柜拥有配线槽,性能与办公桌保持一致。

可放置文件最大为B4规格,每个抽屉都装备防倾倒的暗卡装置,每个抽屉可载重40kg。

电话:021-62881139
传真:021-62881537

网址:www.okamura.cn
E-mail:okamurasha@uninet.com.cn

品牌国别:日本
生产地区:日本

冈村

PROSTAGE系列
产品编号:PROSTAGE-PANEL
品类:屏风
规格(mm):详见工程图
材质:铝合金框架
颜色:银色
参考价格(元):详细价格请咨询厂商

■ 备选材质

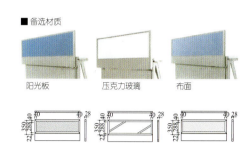

阳光板　　压克力玻璃　　布面

FEEGO系列
产品编号:CJ35ZR
品类:办公椅
规格(mm):详见工程图
材质:布
颜色:青蓝色椅背,黑色椅座
参考价格(元):1600.00

FEEGO系列
产品编号:CJ45ZR
品类:办公椅
规格(mm):详见工程图
材质:布
颜色:绿色椅背,黑色椅座
参考价格(元):1800.00

8VC系列
产品编号:VC31A
品类:办公椅
规格(mm):详见工程图
材质:真皮
颜色:黑色
参考价格(元):2993.00

8VC系列
产品编号:VC32A
品类:办公椅
规格(mm):详见工程图
材质:真皮
颜色:黑色
参考价格(元):4188.00

厂商简介:上海冈村家具物流设备有限公司,引进日本先进技术和管理体系,在业务不断扩大的同时,以"品质第一"为目标,向客户提供真正有价值的优质产品和完善服务。上海冈村家具物流设备有限公司,在自动仓库、办公家具及周边设施、店铺商业设备等方面,全方位地向客户提供高品质和一流的优质服务。冈村不只立足于日本国内,在日新月异、不断成长的中国市场,冈村也在为创造丰富多彩、舒适快感的环境空间付出自己的努力。

代表工程:上海国际机场候机楼　成都双流国际机场　中国浦东干部学院
上海电力物资公司　青浦电力局　上海大金空调有限公司　苏州现代大厦
富士施乐　海燕物流　复旦大学视觉艺术学院　复旦大学太平洋金融学院
宝钢钢铁集团

质量认证:ISO9001　ISO14001

paustian

paustian丹麦家具有限公司
地址：上海市东方路3601号E幢5楼
邮编：200125

500系列办公桌设计中充分运用人体工程学原理，不但桌面高度可根据不同的客户需求自由升降，而且隐藏式的走线设计也解决了线路外露所带来的隐患。

500系列
产品编号：500system(599E)
品类：办公桌
规格(mm)：2000×1200×(680～1200)
材质：瑞典"KARLIT"HDF板/MDF板,丹麦"LINAK"升降系统
颜色：枫木色
参考价格(元)：26000.00
说明：由设计师Rasmussen & Rolff设计于1997年

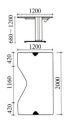

■ 局部功能特点说明

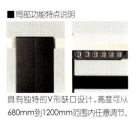

具有独特的V形缺口设计，高度可从680mm到1200mm范围内任意调节。

■ 可选配件

文件柜

直立文件柜

■ 备选材质

欧洲0.6mm枫木　欧洲0.6mm樱桃木

电话:021-68640373/68640343
传真:021-50940216

网址:www.paustian.com.cn
E-mail:paustian@paustian.com.cn

品牌国别:丹麦
生产地区:中国

博 森

300系列
产品编号:300system(305W+344W+5-4#W)
品类:办公桌
规格(mm):2100×1200×(680~750)
　　　　　1020×640×(640~750)
　　　　　440×580×620
材质:瑞典"KARLIT"HDF板/MDF板,荷兰"HONICEL"蜂窝纸
颜色:枫木色
参考价格(元):10000,00
说明:由设计师Rasmussen & Rolff 设计于1988年

300系列由设计师Rasmussen & Rolff 设计于1988年,该款办公桌不但可进行高度调节,而且还具有多种组合变化的形式。Paustian300系列的设计融合了现代理念,体现了人性化的设计思维,充分彰显了现代办公环境大格局、大纵深的气魄。

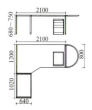

■ 局部功能特点说明

高度调整组件

走线组件

■ 可选配件

文具柜

文件柜

■ 备选材质

欧洲0.6mm枫木　欧洲0.6mm樱桃木

paustian

paustian丹麦家具有限公司
地址：上海市东方路3601号E幢5楼
邮编：200125

Storage System系列
产品编号：skabsset
品类：储物柜
规格(mm)：(300/600)×(600/700/1050/1400/2000)
材质：枫木/樱桃木
颜色：黑色/破黑色/象牙白色
参考价格(元)：1000.00~10000.00
说明：由设计师Erik Rasmussen & Henrik Rolff设计于1978年，
　　　宽度(mo)：3/4/6

2R Reol系列
产品编号：2R reolserie
品类：储物柜
规格(mm)：(800/420)×360×(420/800/1900)
材质：枫木/樱桃木(柜体)，铝合金/玻璃(柜门)
颜色：破黑色/浅灰色/象牙白色
参考价格(元)：1000.00~10000.00
说明：由设计师Erik Rasmussen & Henrik
　　　Rolff设计

电话:021-68640373/68640343
传真:021-50940216

网址:www.paustian.com.cn
E-mail:paustian@paustian.com.cn

品牌国别:丹麦
生产地区:中国

博　森

Spinal系列
产品编号: Spinal system (BTY2400W)
品类: 会议桌/茶几/咖啡桌
规格(mm): 2400×1000×720
材质: 欧洲枫木/樱桃木/瑞典"KARLIT"MDF板
颜色: 枫木色
参考价格(元): 6000.00
说明: 由设计师Paul Leroy设计于2004年;有各种大小和不同的造型(圆形、循环形、正方形、矩形和椭圆形)和三种不同的高度(标准高度、会议桌高度和沙发高度)可供选择

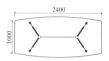

■ 可选配件

Spinal系列办公桌突破了传统桌脚单一的形式,有"单脚架"、"V字形架"、"三脚架"多种标准组件,可根据环境进行多种组合以满足需要。

Extension系列
产品编号: Extension Table (Y2900W.Y310W)
品类: 会议桌
规格(mm): (2100~2750)×930×720(4~6人)
(2600~3400)×1100×720(6~8人)
材质: 瑞典"KARLIT"HDF板/MDF板
颜色: 枫木色
参考价格(元): 6500.00(4~6人)/9000.00(6~8人)
说明: 由设计师Johannes Foerson & Peter Hiort-Lorenzen设计于2000年

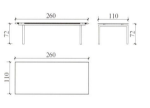
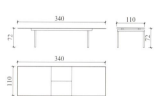

■ 局部功能特点说明

Extention Table系列办公桌内部隐藏桌面移动装置,这个设计思路巧妙、操作方便,仅由一人便可独立完成。

■ 备选材质

欧洲0.6mm枫木　欧洲0.6mm樱桃木

paustian

paustian丹麦家具有限公司
地址：上海市东方路3601号E幢5楼
邮编：200125

Lounge系列
产品编号：Lounge Sofa
品类：沙发
规格(mm)：760×810×700/1810×810×700/2280×810×700
材质：定型棉、伦敦布
颜色：米色/深蓝色
参考价格(元)：3400.00/6200.00/9000.00
说明：由设计师Johannes Foerson & Peter Hiort-Lorenzen 设计于2002年

■ 备选材质

Topas　Divina　Tonus　Hallingdal　Alcantara　Leather　Comfort

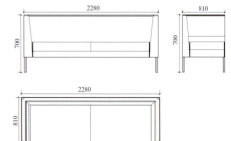

电话:021-68640373/68640343
传真:021-50940216

网址:www.paustian.com.cn
E-mail:paustian@paustian.com.cn

品牌国别:丹麦
生产地区:中国

Stuk系列
产品编号:Stuk
品类:会议椅
规格(mm):580×500×730
材质:枫木、樱桃木、合金支架、皮垫
颜色:枫木色
参考价格(元):2000.00
说明:由设计师Johannes Foerson & Peter Hiort-Lorenzen 设计于1997年

■ 局部功能特点说明

皮革座垫　　压制成形椅背　　铬合金钢支架

Modulsofa系列标准组合沙发由一个转角和几个单件组成,可根据需要进行各种方式的组合(单件规格见工程图)。

Modul系列
产品编号:Modulsofa
品类:沙发
规格(mm):600×860×700
　　　　　860×860×700
材质:定型棉、伦敦布
颜色:象牙白
参考价格(元):2600.00/3800.00
说明:由设计师Eric Rasmussen 设计于1969年

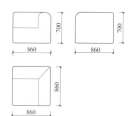

厂商简介:paustian丹麦家具有限公司是江苏鸿联家具集团与丹麦paustian家具公司于2003年合资创立,工厂位于江苏常州,公司总部设在上海,公司主要技术由丹麦Paustian公司提供,公司拥有各类设计专业人才30余人,生产人员620人,厂房35000m²,是中国最具实力的办公家具制造与销售为一体的公司之一。(丹麦Paustian公司成立于1965年,拥有60多名高级设计师,如世界著名家具设计大师父登汤姆森等。Paustian家具是世界3500多家大型企业定点家具供应商,行销网络遍布世界15个国家和地区,其中在中国北京、上海、南京、深圳、广州、天津、西安、无锡、杭州、苏州、厦门、成都等地已建立经销网点。)

国外代表工程:
丹麦Maersk(马士基)物流公司　丹麦Nestle(雀巢)公司总部
丹麦Novonodisk(诺和诺德)制药公司

国内代表工程:
上海Vanderande(范德兰德)工业公司　苏州Blue Scape(博斯格)钢铁有限公司
北京中国国家电力局　上海政治协商委员会

质量认证:ISO9001 ISO14001

 quinette greatwall 奇耐特长城

北京奇耐特长城座椅有限公司
地址：北京市大兴区104国道瀛海段22号
邮编：100076

电话:010-69275356
传真:010-69274944

网址:www.quinettegw.com
E-mail:lijianlin@quinettegw.com

品牌国别:法国
生产地区:中国

奇耐特长城

法国阿尔贝维尔市剧院

法国喜剧 COMEDIE FRANCAISE BR
- 品类:固定式剧院座椅
- 规格(mm):950×540×880
- 材质:详见产品说明表
- 颜色:有多种颜色可供选择
- 参考价格(元):详细价格请咨询厂商
- 说明:全欧洲式古典设计、实木背饰减小吸声量

 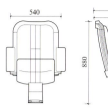

莫里哀 MOLIERE BR
- 品类:固定式剧院座椅
- 规格(mm):930×550×860
- 材质:详见产品说明表
- 颜色:有多种颜色可供选择
- 参考价格(元):详细价格请咨询厂商
- 说明:全欧洲式古典设计

 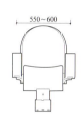 

浦东 PUDONG
- 品类:固定式剧院座椅
- 规格(mm):950×560×1080
- 材质:详见产品说明表
- 颜色:有多种颜色可供选择
- 参考价格(元):详细价格请咨询厂商
- 说明:专为歌剧院设计的声学回弹式背板、全镂空式声学扶手

剧场之星 STAR THEATRE
- 品类:固定式剧院座椅
- 规格(mm):950×500×970
- 材质:详见产品说明表
- 颜色:有多种颜色可供选择
- 参考价格(元):详细价格请咨询厂商
- 说明:实木背饰减小吸声量

 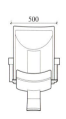 

■ 奇耐特座椅产品说明表

配件 \ 系列 说明	法国喜剧 COMEDIE FRANCAISE BR	莫里哀 MOLIERE BR	浦东 PUDONG	剧场之星 STAR THEATRE
椅座底板、椅背背板	实木	实木	多层板热压成型	多层板热压成型
脚架	中央立脚、铝合金压注成型、经防氧化处理	中央立脚、铝合金压注成型、经防氧化处理	中央立脚、铝合金压注成型、经防氧化处理	中央立脚、铝合金压注成型、经防氧化处理
椅背泡棉	发泡泡棉	发泡泡棉	发泡泡棉	发泡泡棉
布料	欧洲原产TREVIRA CS 系列	欧洲原产TREVIRA CS 系列	欧洲原产TREVIRA CS 系列	欧洲原产TREVIRA CS 系列
扶手	实木并配以软包	软包	多层板经数控机床切削处理	实木
椅座	板簧翻转	板簧翻转	板簧翻转	板簧翻转
座椅结构	金属框架结构	金属框架结构	金属框架结构	金属框架结构
紧固螺丝	紧固预埋螺丝	紧固预埋螺丝	紧固预埋螺丝	紧固预埋螺丝

北京奇耐特长城座椅有限公司
地址：北京市大兴区104国道瀛海段22号
邮编：100076

电话:010-69275356
传真:010-69274944

网址:www.quinettegw.com
E-mail:lijianlin@quinettegw.com

品牌国别:法国
生产地区:中国

奇耐特长城

ESC南特会议厅

兰特
ESC NANTES
品类:固定式会堂座椅
规格(mm):740×580×940
材质:详见产品说明表
颜色:有多种颜色可供选择
参考价格(元):详细价格请咨询厂商
说明:可添加写字板、话筒、同声传译、排桌等附加配件

 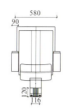 

摩纳哥
MONACO
品类:固定式会堂座椅
规格(mm):750×570×980
材质:详见产品说明表
颜色:有多种颜色可供选择
参考价格(元):详细价格请咨询厂商
说明:可添加写字板、话筒、同声传译、排桌等附加配件

 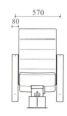 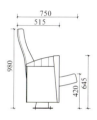

会堂之星
WOOD 2 BR
品类:固定式会堂座椅
规格(mm):750×580×935
材质:详见产品说明表
颜色:有多种颜色可供选择
参考价格(元):详细价格请咨询厂商
说明:可添加写字板、话筒、同声传译、排桌等附加配件

 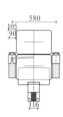 

冰晶
STAR BR SKATE
品类:固定式会堂座椅
规格(mm):750×580×940
材质:详见产品说明表
颜色:有多种颜色可供选择
参考价格(元):详细价格请咨询厂商
说明:可添加写字板、话筒、同声传译、排桌等附加配件

 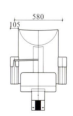 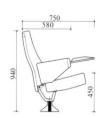

■ 奇耐特座椅产品说明表

说明 配件 \ 系列	兰特 ESC NANTES	摩纳哥 MONACO	会堂之星 WOOD 2 BR	冰晶 STAR BR SKATE
椅座底板、椅背背板	多层板热压成型	多层板热压成型	多层板热压成型	塑壳一次挤压成型
脚架	中央立脚,铝合金压注成型、经防氧化处理	中央立脚,铝合金压注成型、经防氧化处理	中央立脚,铝合金压注成型、经防氧化处理	中央立脚,铝合金压注成型、经防氧化处理
椅背泡棉	发泡泡棉	发泡泡棉	发泡泡棉	发泡泡棉
布料	欧洲原产TREVIRA CS 系列	欧洲原产TREVIRA CS 系列	欧洲原产TREVIRA CS 系列	欧洲原产TREVIRA CS 系列
扶手	包布处理,上附经过防火、耐干燥处理的实木	不锈钢材质,上附经过防火、耐干燥处理的实木外包布	包布处理,上附经过防火、耐干燥处理的实木	包布处理
椅座	板簧翻转	进口缓起立	布拉沃型翻转样式、板簧翻转	板簧翻转
座椅结构	金属框架结构	金属框架结构	金属框架结构	金属框架结构
紧固螺丝	紧固预埋螺丝	紧固预埋螺丝	紧固预埋螺丝	紧固预埋螺丝
写字板	—	—	ABS复合材料,下翻式	ABS复合材料,下翻式

北京奇耐特长城座椅有限公司
地址：北京市大兴区104国道瀛海段22号
邮编：100076

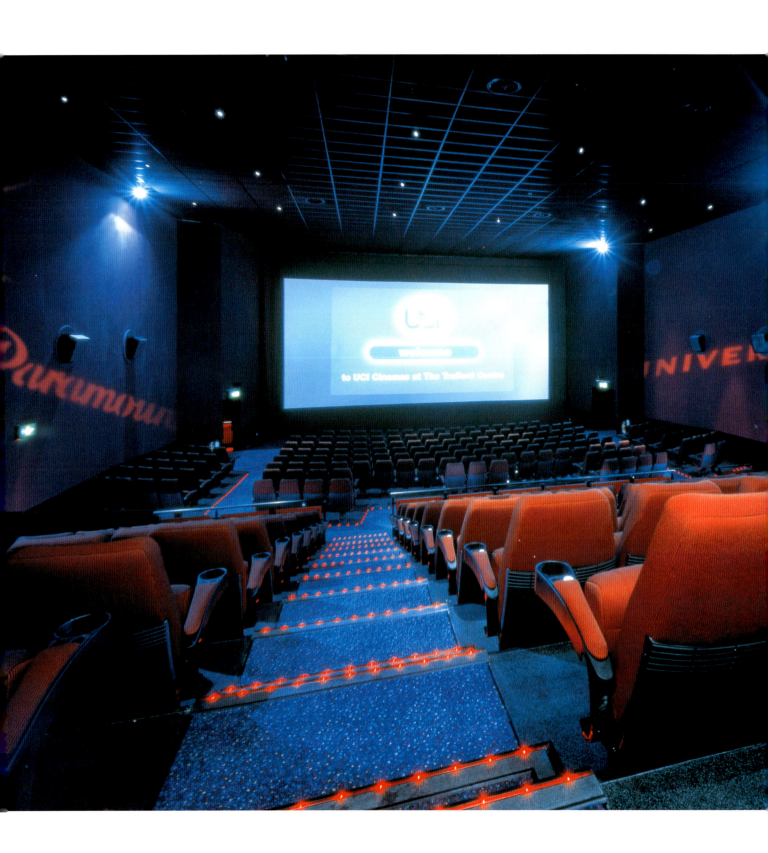

电话：010-69275356
传真：010-69274944

网址：www.quinettegw.com
E-mail:lijianlin@quinettegw.com

品牌国别：法国
生产地区：中国

奇耐特长城

UCI营业集团曼彻斯特电影院

优迪 UDINE
品类：固定式影院座椅
规格(mm)：720×580×1000
材质：详见产品说明表
颜色：有多种颜色可供选择
参考价格(元)：详细价格请咨询厂商
说明：配有超大水杯架

行动者 ACTION CLUB
品类：固定式影院座椅
规格(mm)：720×600×1040
材质：详见产品说明表
颜色：有多种颜色可供选择
参考价格(元)：详细价格请咨询厂商
说明：配有超大水杯架

百老汇 BROAD WAY
品类：固定式影院座椅
规格(mm)：750×600×1000
材质：详见产品说明表
颜色：有多种颜色可供选择
参考价格(元)：详细价格请咨询厂商
说明：配有超大水杯架

WEST PALM BEACH
品类：固定式影院座椅
规格(mm)：详细规格请咨询厂商
材质：详见产品说明表
颜色：有多种颜色可供选择
参考价格(元)：详细价格请咨询厂商
说明：独立情侣、家庭空间；上翻式中扶手，
带水杯架和手托

■ 奇耐特座椅产品说明表

配件＼系列	优迪 UDINE	行动者 ACTION CLUB	百老汇 BROAD WAY	WEST PALM BEACH
椅座底板、椅背背板	多层板热压成型，可布包	多层板热压成型，可布包	多层板热压成型，可布包	多层板热压成型，可用布包，可木饰
脚架	中央立脚，铝合金压注成型，经防氧化处理	中央立脚，铝合金压注成型，经防氧化处理	中央立脚，铝合金压注成型，经防氧化处理	中央立脚，铝合金压注成型，经防氧化处理
椅背泡棉	发泡泡绵	发泡泡绵	发泡泡绵	
布料	欧洲原产TREVIRA CS 系列	欧洲原产TREVIRA CS 系列	欧洲原产TREVIRA CS 系列	欧洲原产TREVIRA CS 系列
扶手	塑料	塑料	塑料	包布处理，上附经过防火、耐干燥处理的实木
椅座	固定座椅	固定座椅	固定座椅	固定座椅
座椅结构	金属框架结构	金属框架结构	金属框架结构	金属框架结构
紧固螺丝	紧固预埋螺丝	紧固预埋螺丝	紧固预埋螺丝	紧固预埋螺丝

厂商简介：巴黎的奇耐特盖里公司和北京的长城家具公司在各类演出厅级影院、剧院和会堂座椅生产领域均名列前茅。如今两家公司在过去50年积累的大量技术和经验的基础上实现优势互补，成立了北京奇耐特长城座椅有限公司。产品以优质、美观、舒适为创作原则，设计理念独到。每一个项目设计师都会根据客户对布料、色彩和各种配置的特殊要求而设计，做到个性化服务，在声学和安全性能方面更能达到中国及世界范围内的最高要求。

各地联系方式：

北京总厂
地址：北京市大兴区
104国道瀛海段22号
电话：010-69275356
传真：010-69274944

北京展厅
地址：北京市宣武门西大街
甲129号金隅大厦10层
1021～1022房间

代表工程：人民大会堂 中国国家大剧院 长安大戏院
全国政协 中央军委 中南海怀仁堂 上海东方艺术中心
英国皇家歌剧院 卢浮宫金字塔剧院 法国派拉蒙影业集
法国国会厅 法兰西歌剧院

质量认证：GB/T19001-2000idt ISO9001-2000
GB/T24001-1996idt ISO14001-1996

兆生家具实业有限公司
地址：广东省东莞市厚街双岗家具大道
邮编：523950

President系列
产品编号：3758
品类：实木大班台
规格(mm)：4830×1730×760
材质：实木封边
颜色：胡桃木色
参考价格(元)：详细价格请咨询厂商

电话:0769-85921466/85921066/85831896
传真:0769-85915436
服务热线:0769-85911883

网址:www.china-saoswn.com
E-mail: saoswn@163.com

品牌国别:中国
生产地区:中国

S 兆生

President 系列
产品编号:1034A
品类:实木门高柜
规格(mm):1260×550×2168
材质:实木封边
颜色:胡桃木色
参考价格(元):详细价格请咨询厂商

■ 局部功能特点说明

一边可配合使用工作电脑,另一边亦可添加装网络电视,特有的电子遥控升降系统使其在桌面升降自如;加上多功能的文具盒及工具盘,完全符合总裁级班台的严格要求。

President 系列

President系列秉承家私的优质传统,整套产品采用木制主件、电子遥控升降系统和镀铬金属组件,融合传统工艺与现代设计于一身,宽敞平整的桌面有足够的舒展空间,尽显和谐美感、尊贵大气。

■ 配套产品

产品编号:628
品类:实木长茶几
规格(mm):1600×900×450

产品编号:628
品类:玻璃长茶几
规格(mm):1600×900×450

产品编号:B171
品类:真皮沙发
规格(mm):详细规格请咨询厂商

■ 备选材质

红影木　胡桃木A　胡桃木B　沙贝梨　泰柚　樱桃木A　樱桃木B　榉木　鸡翅木

兆生家具实业有限公司
地址：广东省东莞市厚街双岗家具大道
邮编：523950

Square One 系列

Square One系列办公桌外形方正、线条简洁、颜色配搭错落有致，灵活利用立体空间，多处设有走线系统，可以处理日益增多的数据线路，隐蔽且实用。

电话:0769-85921466/85921066/85831896
传真:0769-85915436
服务热线:0769-85911883

网址:www.china-saoswn.com
E-mail: saoswn@163.com

品牌国别:中国
生产地区:中国

Square One系列
产品编号:SQDD220090
品类:多功能办公桌
规格(mm):(2000/2200/2400)×900×750
材质:三聚氰胺板
颜色:枫木色、破灰色
参考价格(元):详细价格请咨询厂商
说明:延展型台面,台面配有一块可活动的延伸板

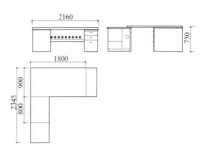

■ 基本型台面

无论是破灰色的台面配枫木色的台脚,还是枫木色的台面配破灰色的台脚,Square One 系列办公桌的颜色配搭均是错落有致。台面有基本型和延展型两种产品可供选择。

■ 线路管理说明

弧形槽位处拉开延伸板,内置有双插座和多功能文具盘,可备即时电源线路输入、输出。

钢制前挡板内侧的走线槽设计可让强弱电线贯穿整套主桌,使线路管理有条不紊。

向里按压附柜的背板,可打开柜门,内设有金属线板。

桌角边缘配备走线槽。

■ 备选颜色(上)/备选材质(下)

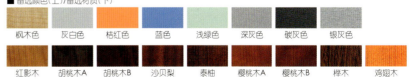

枫木色　灰白色　桔红色　蓝色　浅绿色　深灰色　破灰色　银灰色
红影木　胡桃木A　胡桃木B　沙贝梨　泰柚　樱桃木A　樱桃木B　榉木　鸡翅木

兆生家具实业有限公司
地址：广东省东莞市厚街双岗家具大道
邮编：523950

Trimax系列
产品编号：TRDD200100
品类：方形办公桌
规格(mm)：2000×1000×760
材质：三聚氰胺板
颜色：枫木色
参考价格(元)：详细价格请咨询厂商
说明：台脚为银色粉末喷涂的三角钢管；
　　　附仿皮桌垫；铁前挡板

电话:0769-85921466/85921066/85831896
传真:0769-85915436
服务热线:0769-85911883

网址:www.china-saoswn.com
E-mail: saoswn@163.com

品牌国别:中国
生产地区:中国

Trimax 系列

铁马斯系列办公桌,台底的支撑脚以三角形钢管组成,表面经过银色喷粉处理,将坚实的结构与简洁的设计合二为一。铁马斯系列按照不同的个人工作风格,提供款式新颖多样的方形台、浪形台、弓形台和P形台,同时配合四分之三圆的延伸台、圆形洽谈台和浪形洽谈台,以满足即时小组讨论的需要。

Trimax系列
产品编号:TRDK220100
品类:弓形办公桌
规格(mm):2200×1000×760
材质:三聚氰胺板
颜色:枫木色
参考价格(元):详细价格请咨询厂商
说明:台脚为银色粉末喷涂的三角钢管;附仿皮桌垫;
铁前挡板;另备有规格(mm)为2000×1000的
主台可供选择

■ 线路管理说明

流动边柜分离式背板设计,
方便电源线安装和数据线路处理。

轻便地翻起盒盖,便可接上电源和数据输出。

Trimax系列
产品编号:TRTW120110M
品类:浪形洽谈台
规格(mm):1200×1100×760
材质:三聚氰胺板
颜色:枫木色
参考价格(元):详细价格请咨询厂商
说明:台脚为银色粉末喷涂的三角钢管,配滚轮

■ 备选颜色(上)/备选材质(下)

枫木色	灰白色	桔红色	蓝色
浅绿色	深灰色	碳灰色	银灰色
红影木	胡桃木A	胡桃木B	沙贝梨
泰柚	樱桃木A	樱桃木B	榉木	鸡翅木

兆生家具实业有限公司
地址：广东省东莞市厚街双岗家具大道
邮编：523950

Global 系列

Global系列会议桌，U形的设计，樱桃木色与皮垫的搭配尽现深邃与大气。整套会议桌可容纳35个座位，是企业重大决策及沟通协调之地。

Global系列
产品编号：538
品类：会议桌
规格(mm)：5050×2600×826(主台)
　　　　　15110×700×830(附台)
材质：实木封边
颜色：樱桃木色
参考价格(元)：详细价格请咨询厂商

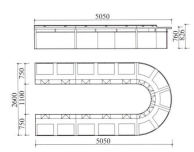
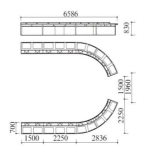

■ 局部功能特点说明

樱桃木配以优质的皮垫，设计高贵典雅，坚固耐用。

电话:0769-85921466/85921066/85831896
传真:0769-85915436
服务热线:0769-85911883

网址:www.china-saoswn.com
E-mail: saoswn@163.com

品牌国别:中国
生产地区:中国

兆 生

■ 配套产品

产品编号:825
品类:投影机柜
参考价格(元):详细价格请咨询厂商
说明:轻按投影机柜两旁的升降遥控器,可对投影箱作高度及角度调节,适应不同投影面的需求

产品编号:823
品类:升降讲台
参考价格(元):详细价格请咨询厂商
说明:配备两支升降遥控器,按键可对讲台面作升降控制,满足不同身形演说者的需要

■ 备选材质

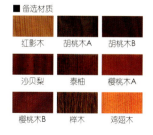

红影木　胡桃木A　胡桃木B
沙贝梨　泰柚　樱桃木A
樱桃木B　榉木　鸡翅木

兆生家具实业有限公司
地址：广东省东莞市厚街双岗家具大道
邮编：523950

电话:0769-85921466/85921066/85831896
传真:0769-85915436
服务热线:0769-85911883

网址:www.china-saoswn.com
E-mail: saoswn@163.com

品牌国别:中国
生产地区:中国

S 兆 生

■ 局部功能特点说明

桌上屏风灯组距桌面750mm

文件夹托架

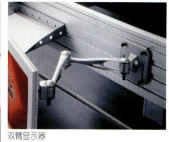

双臂显示器

Air Top 系列

Air Top系列屏风组合台，选用碳灰色为台面色调。多功能、易装嵌的配件设计以及屏风挂件架的多款组合能顺应现代办公日新月异的发展。

Air Top系列
产品编号:972
品类:屏风组合台
规格(mm):4840×1620×760
材质:三聚氰胺板、钢制铁脚
颜色:碳灰色
参考价格(元):详细价格请咨询厂商

■ 备选颜色

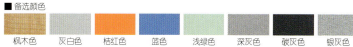

枫木色　灰白色　桔红色　蓝色　浅绿色　深灰色　碳灰色　银灰色

兆生家具实业有限公司
地址：广东省东莞市厚街双岗家具大道
邮编：523950

MERRYFAIR 系列

MERRYFAIR系列座椅符合人体工程学设计，适应150mm至185mm身高的各种体形。

电话:0769-85921466/85921066/85831896
传真:0769-85915436
服务热线:0769-85911883

网址:www.china-saoswn.com
E-mail: saoswn@163.com

品牌国别:马来西亚
生产地区:马来西亚

EXACT系列
产品编号:099YCA33U1
品类:高背椅
规格(mm):500×485×(755~860)
材质:网布(背),麻绒(座)
颜色:黄色、黑色
参考价格(元):详细价格请咨询厂商
说明:任意锁定式同步倾仰机关及拉力调校;三向调节扶手;符合人体坐姿的椅座;银色喷涂铝合金五星脚

EXACT系列
产品编号:098YCV33U1-L
品类:中背椅
规格(mm):500×485×(530~635)
材质:网布(背),麻绒(座)
颜色:黑色
参考价格(元):详细价格请咨询厂商
说明:任意锁定式同步倾仰机关及拉力调校;三向调节扶手;符合人体坐姿的椅座;银色喷涂铝合金五星脚

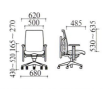

EXACT系列
产品编号:096SHB30U1
品类:低背椅
规格(mm):500×475×340
材质:麻绒
颜色:黄色
参考价格(元):详细价格请咨询厂商
说明:符合人体坐姿的椅座;银色喷涂铝合金五星脚;银色喷涂钢管

■ 局部功能特点说明

铸铝支架,配合可自由倾斜的头枕。

椅背高度及腰椎承托均可调节。

TREK系列
产品编号:089YCA29U1
品类:高背椅
规格(mm):520×(440~500)×(780~885)
材质:网布(背),麻绒(座)
颜色:桔红色、黑色
参考价格(元):详细价格请咨询厂商
说明:任意锁定式同步倾仰机关及拉力调校;四向调节扶手;座深可调节,配有成型PU海绵;银色喷涂铝合金五星脚

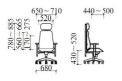

TREK系列
产品编号:088YCV29U1-L
品类:中背椅
规格(mm):520×(440~500)×(560~665)
材质:网布(背),麻绒(座)
颜色:黑色
参考价格(元):详细价格请咨询厂商
说明:任意锁定式同步倾仰机关及拉力调校;四向调节扶手;座深可调节,配有成型PU海绵;银色喷涂铝合金五星脚

TREK系列
产品编号:086SHG30U1
品类:低背椅
规格(mm):520×460×350
材质:麻绒
颜色:酒红色
参考价格(元):详细价格请咨询厂商
说明:银色喷涂铝合金五星脚;银色喷涂钢管;聚丙烯手垫,配有银色喷涂钢框

■ 局部功能特点说明

聚碳酸脂外壳不易破碎。

椅背高度及腰椎承托均可调节。

兆生家具实业有限公司
地址：广东省东莞市厚街双岗家具大道
邮编：523950

Open Art®

Open Art系列
品类:网椅
规格(mm):详细规格请咨询厂商
材质:网布(背、头垫),麻绒(座)
颜色:蓝色
参考价格(元):详细价格请咨询厂商
说明:另有多种颜色及型号的产品可供选择

电话:0769-85921466/85921066/85831896
传真:0769-85915436
服务热线:0769-85911883

网址:www.china-saoswn.com
E-mail: saoswn@163.com

品牌国别:德国
生产地区:德国

Open Art 系列

Open Art系列座椅是德国Wagner授权兆生在中国(包括香港、澳门)独家代理的品牌,特有的外形设计和多种面料如网布、布料、真皮可供选择,以及专利发明"身体平衡转化"功能让您的坐姿更感舒适。七彩颜色的选择,使办公环境充满活力。

■ 局部功能特点说明

透气型的网背具备"身体平衡转化"功能。其靠背的绞链设计独特,使整个靠背可紧贴身形自由变动,使身体运动自如。

头枕高度及倾斜角度可自由调节。

扶手的任意锁定式高度调节和宽度调节。

具备气压升降功能。

腰椎承托功能,可上下调节。

任意锁定式同步倾仰功能。

优质的炭灰色滚轮。

■ 备选功能

椅座深度调节。

椅座角度调节。

整套座椅可作任意方向的动态变换,让使用者的脊柱和身形得到完全的锻炼。

厂商简介:兆生家具实业有限公司是一家专门设计、生产和销售中高档办公家具的现代规模型企业。公司创办于1990年,现坐落于东方"家具之都"——东莞厚街家具大道,建筑面积10万余m²,现已成为配套设计、生产、销售、服务一条龙的综合性企业,公司配备德、意自动化生产设备,采用国际最新材料,开发新型环保产品,引领办公家具新潮流。

各地联系方式:

西安
地址:陕西省西安市北二环东段明珠家居大世界D座3楼
电话:029-82611006/82611150
传真:029-82611006

银川
地址:甘肃省银川市新华东街建发家世界5号楼4层嘉木公司
电话:0951-6191095/6191096
传真:0951-6190005

哈尔滨
地址:黑龙江省哈尔滨市开发区闽江路233号缤纷假日7FD座
电话:0451-87000055
传真:0451-87001966

郑州
地址:河南省郑州市郑汴路89路中博家具城
电话:0371-5793229/5019897
传真:0371-6526858/6518068

济南
地址:山东省济南市北园大街486号
电话:0531-6121198/6030336
传真:0531-5928369/5821396

南京
地址:江苏省南京市龙蟠中路月星广场兆生办公家具
电话:025-86432171/84471127
传真:025-84646333

代表工程:
贵州金元电力
江苏南通供电公司
广州欧米茄
昆明金碧办公设备
文一办公
上海联通
南京瑞登利
广州人大
西藏自治区常委办公室
Riter company (Russia)
Marlin Furniture L.L.C (U.A.E)

质量认证:ISO9001-2000
ISO14001-1996 CQC产品认证

诚丰家具（中国）有限公司
地址：福建省福清市融侨经济技术开发区福玉路
邮编：350301

实木大班台系列

D9916双曲大班台是"诚丰"的旗舰产品。胡桃木实木贴皮使外观显得庄重大方，细部的光滑流畅和精致的配件与整体的稳重风格相得益彰。

电话：0591-85388118/85380255
传真：0591-85380606

E-mail:China@chengfeng.com

品牌国别：中国
生产地区：中国

产品编号：SF-D005
品类：单曲大班台
规格(mm)：2700×900×750(主桌)
　　　　　1980×550×420(侧柜)
　　　　　500×850×420(推桶)
材质：选用"福人"密度板基材(达到欧洲E1级环保标准)，美国"COPLAC"优质胡桃木皮贴面(木皮厚度0.6mm)
颜色：有多种颜色可供选择
参考价格(元)：10800.00
说明：胡桃实木封边；意大利"Milesi"高级聚酯环保油漆；意大利"KINGNING"透气皮护垫；台湾"火车头"导轨；德国"大象"锁；"海帝斯"铰链；德国五金连接件

■ 备选颜色
077　116
126　174　樱桃木-3

产品编号：SF-D2004
品类：大班台
规格(mm)：2200×1120×750(主桌)
　　　　　1220×640×580(侧柜)
　　　　　450×600×580(推桶)
材质：选用"福人"密度板基材(达到欧洲E1级环保标准)，美国"COPLAC"优质胡桃木皮贴面(木皮厚度0.6mm)
颜色：有多种颜色可供选择
参考价格(元)：9289.00
说明：胡桃实木封边；意大利"Milesi"高级聚酯环保油漆；意大利"KINGNING"透气皮护垫；台湾"火车头"导轨；德国"大象"锁；"海帝斯"铰链；德国五金连接件

■ 备选颜色
077　116
126　174　樱桃木-3

诚丰家具(中国)有限公司
地址:福建省福清市融侨经济技术开发区福玉路
邮编:350301

实木会议桌系列

圆形组合会议桌庄重、典雅,气势磅礴。整体设计充分考虑人体工程学,美观舒适;合理的线路管理适应科技发展的需求。

电话:0591-85388118/85380255
传真:0591-85380606

E-mail:China@chengfeng.com

品牌国别:中国
生产地区:中国

S 诚丰

产品编号:NID-1245T2
品类:条形会议桌
规格(mm):1200×450×745
材质:选用"福人"密度板基材(达到欧洲E1级环保标准)、美国"COPLAC"优质胡桃木皮贴面(木皮厚度0.6mm)
颜色:有多种颜色可供选择
参考价格(元):980.00
说明:胡桃木实木封边;意大利"Milesi"高级聚酯环保漆;德国五金连接件

■ 备选颜色

| 077 | 116 |
| 126 | 174 | 樱桃木-3 |

产品编号:DBC-3012
品类:舰形会议桌
规格(mm):3000×1200×750
材质:选用"福人"密度板基材(达到欧洲E1级环保标准)、美国"COPLAC"优质胡桃木皮贴面(木皮厚度0.6mm)
颜色:有多种颜色可供选择
参考价格(元):8054.00
说明:胡桃实木封边;意大利"Milesi"高级聚酯环保油漆;德国五金连接件

■ 备选颜色

| 077 | 116 |
| 126 | 174 | 樱桃木-3 |

诚丰家具(中国)有限公司
地址：福建省福清市融侨经济技术开发区福玉路
邮编：350301

电话：0591-85388118/85380255
传真：0591-85380606

E-mail:China@chengfeng.com

品牌国别：中国
生产地区：中国

屏风系列

X-team8屏风厚度仅为38mm，每个面上都设有相同尺寸的C形槽，屏风板通过滑动件固定在支柱的C形槽上，可满足客户在不拆卸屏风的前提下增加工作位。

产品编号：X-team8
品类：屏风组合
规格(mm)：38(厚度)，详细规格请咨询厂商
材质：采用澳大利亚高温氧化成型铝合金框架，"福人"密度板基材，外饰台湾福基布/台湾富美家防火板/铝塑板/钢板等，德国五金连接件
颜色：有多种颜色可供选择
参考价格(元)：详细价格请咨询厂商

■ 线路管理说明

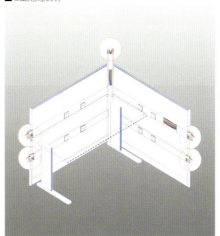

X-team屏风既能配合传统屏风地脚板走线方式，亦能采用腰带式走线方式，方便使用者灵活地做电脑、电话及电源的处理装置。直立式导线管可有效地集合大量线路分配到横式线槽，做不同方向的线路处理，令桌面及桌底不会出现零乱的线路问题，更可方便使用者随时地减少或增加线路。

■ 可选配件

悬挂文件架

■ 局部功能特点说明

屏风立柱可从四个方向连接屏风，使屏风工作位可以进行多种组合。

■ 备选颜色

018　048　014　013　033　113　062　111

诚丰家具(中国)有限公司
地址:福建省福清市融侨经济技术开发区福玉路
邮编:350301

电话：0591-85388118/85380255
传真：0591-85380606

E-mail:China@chengfeng.com

品牌国别：中国
生产地区：中国

S 诚丰

屏风系列

X-team12屏风丰富典雅的色彩再配以各种文具配件，令工作空间更加舒适、更具特色，同时在空间的利用上也更为充分，吊柜、吊架、推柜、可移动主机架等紧凑而有序。

编号：X-team12
品类：屏风组合
规格(mm)：38(厚度)，详细规格请咨询厂商
材质：采用澳大利亚高温氧化成型铝合金框架，"福人"密度板基材，外饰台湾福基布/台湾富美家防火板/铝塑板/钢板等，德国五金连接件
颜色：有多种颜色可供选择
参考价格(元)：详细价格请咨询厂商

■ 配套产品

圆形桌

■ 线路管理说明

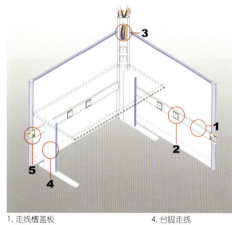

■ 可选配件

文件分隔架

便条挂座

吊书架

1. 走线槽盖板
2. 屏风板上可装插座
3. 八角柱台面定位走线
4. 台脚走线
5. 强弱电分层走线盒走线

■ 备选颜色

| 018 | 048 | 014 | 013 | 033 | 113 | 062 | 111 |

诚丰家具(中国)有限公司
地址：福建省福清市融侨经济技术开发区福玉路
邮编：350301

电话：0591-85388118/85380255
传真：0591-85380606
E-mail:China@chengfeng.com
品牌国别：中国
生产地区：中国

座椅系列

座椅系列采用同步倾仰功能结合人体工学的概念，无论使用者前倾或后仰，椅座及椅背均能保持适当的角度，能舒缓大腿因长期坐着所承受的压力及确保正确坐姿；独特的座椅曲线，有助纠正坐姿，让坐骨获得最佳的保护与承托。

产品编号：SF-A435
品类：大班椅
规格(mm)：760×1190×1260
材质：外饰意大利"KINGNING"牛皮
颜色：黑色
参考价格(元)：5487.00
说明：配有德国"SUSPA"气压棒及倾仰机构；
五星脚架及台湾"晨英"尼龙万向轮

产品编号：SF-9302LKTG
品类：大班椅
规格(mm)：760×1190×1260
材质：外饰意大利"KINGNING"牛皮
颜色：黑色
参考价格(元)：3124.00
说明：配有德国"SUSPA"气压棒及倾仰机构；
五星脚架及台湾"晨英"尼龙万向轮

产品编号：SF-1070KTG
品类：高背主管椅
规格(mm)：690×730×(1220~1290)
材质：外饰意大利"KINGNING"牛皮
颜色：黑色
参考价格(元)：2467.00
说明：配有德国"SUSPA"气压棒及倾仰机构；
五星脚架及台湾"晨英"尼龙万向轮

产品编号：SF-1073KTG
品类：中背主管椅
规格(mm)：760×1190×1260
材质：外饰意大利"KINGNING"牛皮
颜色：黑色
参考价格(元)：2272.00
说明：配有德国"SUSPA"气压棒及倾仰机构；
五星脚架及台湾"晨英"尼龙万向轮

诚丰家具(中国)有限公司
地址：福建省福清市融侨经济技术开发区福玉路
邮编：350301

沙发系列

产品编号：SF-012E
品类：沙发
规格(mm)：900×1170×910
　　　　　900×1700×910
　　　　　900×2170×910
材质：外饰台湾"福基"阻燃系列布，内衬台湾"阿福洛"高密度海绵
颜色：有多种颜色可供选择
参考价格(元)：3658.00(单人)
　　　　　　　5484.00(双人)
　　　　　　　7312.00(三人)
说明：沙发内部选用东北杉木框架；德国五金连接件

产品编号：SF-038
品类：沙发
规格(mm)：850×910×750(单人)
　　　　　850×1860×750(三人)
材质：外饰意大利"KINGNING"牛皮，内衬台湾"阿福洛"高密度海绵
颜色：有多种颜色可供选择
参考价格(元)：7763.00(单人)
　　　　　　　12702.00(三人)
说明：沙发内部选用东北杉木框架

■ 备选颜色

015　053
063　069　070

电话：0591-85388118/85380255
传真：0591-85380606

E-mail:China@chengfeng.com

品牌国别：中国
生产地区：中国

沙发系列

产品编号：SF-051
品类：沙发
规格(mm)：1000×1400×800（单人）
　　　　　1000×1850×800（双人）
　　　　　1000×2300×800（三人）
材质：外饰意大利"KINGNING"牛皮，
　　　内衬台湾"阿福洛"高密度海绵
颜色：有多种颜色可供选择
参考价格(元)：3459.00（单人）
　　　　　　　5189.00（双人）
　　　　　　　6919.00（三人）
说明：沙发内部选用东北杉木框架

■ 备选颜色

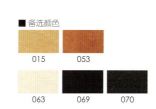

015　053
063　069　070

产品编号：SF-039
品类：沙发
规格(mm)：950×1100×750（单人）
　　　　　950×1525×750（双人）
　　　　　950×2005×750（三人）
材质：外饰意大利"KINGNING"牛皮，内衬台
　　　湾"阿福洛"高密度海绵
颜色：有多种颜色可供选择
参考价格(元)：3980.00（单人）
　　　　　　　5971.00（双人）
　　　　　　　7962.00（三人）
说明：沙发内部选用东北杉木框架；德国五金
　　　连接件

■ 备选颜色

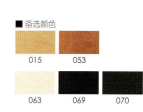

015　053
063　069　070

厂商简介：诚丰家具(中国)有限公司，注册资金超过1亿港币，总投资达2亿多港币，厂房面积达60000多m²，占地面积将近500亩，销售网络覆盖全国，是集技、工、贸、服务于一体的企业集团，公司主要生产经营专业高、中档办公家具。曾荣获"国家质检合格家具绿色环保产品"称号、十八省市诚信企业、"福建省著名商标"称号、被中国轻工业部授予"2002～2003年度全国轻工业质量效益型先进企业"称号，通过了ISO14001-1996环境管理体系认证。

各地联系方式：

北京
地址：北京市东城区安德里北街乙21号
　　　海南奥星大厦2层
电话：010-84123435
传真：010-84133426

上海
地址：上海市普陀区农林路271号2～4层
电话：021-62036213
传真：021-62059974

苏州
地址：江苏省苏州市新区鹿山路369号
　　　国家环保高新技术产业园16#厂房
电话：0512-87178200
传真：0512-87178266

武汉
地址：湖北省武汉市发展大道176号
　　　兴城大厦B座10楼
电话：027-65681359
传真：027-65681181

大连
地址：辽宁省大连市中山区上海路45号
　　　宏孚大厦11层9～11室
电话：0411-82656117
传真：0411-82644433

乌鲁木齐
地址：新疆维吾尔族自治区乌鲁木齐市
　　　西虹东路18号诚丰大厦3层
电话：0991-4668636
传真：0991-4633465

福州
地址：福建省福州市五四路71号国贸广场17层A座
电话：0591-87503500
传真：0591-87503467

厦门
地址：福建省厦门市厦禾路820号帝豪大厦509室
电话：0592-2960537
传真：0592-2960536

代表工程：中华人民共和国最高人民法院　华夏银行
上海市高级人民法院　上海紫江企业股份有限公司
马鞍山钢铁股份有限公司　中国石油新疆油田公司
联想集团　AMD超威半导体技术(中国)有限公司
中国证监会湖北监管局　中国延安干部学院

质量认证：ISO9001-2000　ISO14001-1996

SUNCUE

上海三久机械有限公司
地址：上海市闵行区华翔路3039号
邮编：201107

钢柜系列

钢柜系列，慧心独具的收纳组合，以多样的柜组灵活搭配以区分不同种类的文件，使工作环境井然有序；丰富多变的柜组搭配为您营造出舒适的弹性空间。

电话:021-62211839
传真:021-62211848

网址:www.suncue.com.cn
E-mail:ad50160799@online.sh.cn

品牌国别:中国
生产地区:中国

钢柜系列
产品编号:SC-C6
品类:储物柜
规格(mm):900×515×1790
材质:钢制
颜色:暖灰色/闪银色
参考价格(元):详细价格请咨询厂商
说明:另备有不同规格的产品可供选择

钢柜系列
产品编号:SC-SD5
品类:卷门柜
规格(mm):900×450×1752
材质:钢制
颜色:暖灰色/闪银色
参考价格(元):详细价格请咨询厂商
说明:可选配件:衣架吊杆,型号SC-CH;吊夹抽屉,型号SC-HR;开放式抽屉,型号SC-OD;吊夹抽屉底板,型号SC-HRB;活动棚板,型号SC-03;另备有不同规格的产品可供选择

钢柜系列
产品编号:SC-TAC3
品类:透明柜
规格(mm):900×450×1050
材质:钢制、塑料
颜色:暖灰色/闪银色、黑色
参考价格(元):详细价格请咨询厂商
说明:文件盒采用优质塑料,半透明设计,具有隐秘效果;文件盒搭配深型、浅型两种尺寸,适合各式文件和办公用品的收纳;另备有不同规格的产品可供选择

钢柜系列
产品编号:SC-D23
品类:抽屉式档案柜
规格(mm):900×450×702
材质:钢制
颜色:暖灰色/闪银色
参考价格(元):详细价格请咨询厂商
说明:配有暗卡装置,防止抽屉自行开启而滑落;双复式滑轨,推拉顺畅且无噪音;另备有不同规格的产品可供选择

钢柜系列
产品编号:SC-M3
品类:杂志柜
规格(mm):900×450×1050
材质:钢制
颜色:暖灰色/闪银色
参考价格(元):详细价格请咨询厂商
说明:展示架设有活动压条,可有效防止杂志书刊掉落;可掀式门板设计,开关时平滑顺畅,存取资料轻松省力;另备有不同规格的产品可供选择

钢柜系列
产品编号:SC-A1
品类:图纸柜
规格(mm):414×728×978
材质:钢制
颜色:暖灰色/闪银色
参考价格(元):详细价格请咨询厂商
说明:专为一号标准图纸设计,存取方便,抽拉顺畅

SUNCUE

上海三久机械有限公司
地址：上海市闵行区华翔路3039号
邮编：201107

屏风系列
品类：SP90屏风
规格(mm)：(450~1600)×90×(760~1960)
材质：钢制(框架)
　　　钢板烤漆/钢板贴布/玻璃(面板)
颜色：有多种颜色可供选择
参考价格(元)：详细价格请咨询厂商
说明：木质收边；90mm的厚度设计，超强稳固；
　　　走线功能强大

■ 线路管理说明

面板加装插座

线槽下盖加装插座

线槽下盖走线

■ 局部功能特点说明

L型脚

木制收边

■ 可选配件

衣架

书架

杂志架

桌下薄抽

电话:021-62211839
传真:021-62211848

网址:www.suncue.com.cn
E-mail:ad50160799@online.sh.cn

品牌国别:中国
生产地区:中国

屏风系列
品类:精睿SPIRIT屏风
规格(mm):(450~1600)×63×
(760~1960)
材质:钢制(框架)
　　钢板烤漆/钢板贴布/玻璃(面板)
　　铝合金(收边上盖)
　　锌合金(连接件)
颜色:闪银色
参考价格(元):详细价格请咨询厂商
说明:63mm的厚度设计,稳固而轻盈;
　　闪银色的铝质收边,完善的收纳设
　　计;强大的走线功能

■ 线路管理说明
横、纵向走线将信息
线、电源线、网络线等
强弱电分离;独特的
开放式转接结构,线
路管理轻松自如。

■ 可选配件

锥形桌脚　　吊柜(阻尼柜门设计,可选配照明设备)

■ 局部功能特点说明

主管隔间灵活搭配的网布遮屏　人性化的圆弧桌板　顶置遮屏金具

231

SUNCUE

上海三久机械有限公司
地址：上海市闵行区华翔路3039号
邮编：201107

米兰大班台简洁、淡雅的国际都市风情，前卫的银色系与浪漫枫木白色桌面的结合，透露出时尚与经典。

米兰大班台系列
产品编号：SE-07
品类：大班台
规格(mm)：2000×1000×880(主桌)
　　　　　1200×550×880(侧桌)
材质：美耐板贴面、实木封边
颜色：枫木白色
参考价格(元)：详细价格请咨询厂商
说明：另备有橡木白色和黑木纹色的产品可供选择

罗马大班台古罗马神殿的方形设计，气势磅礴，神秘的黑木纹色搭配实木封边，简约造型的银色本体，兼具稳重气度与现代气质。

罗马大班台系列
产品编号：SE-06
品类：大班台
规格(mm)：2000×1000×880(主桌)
　　　　　1200×550×880(侧桌)
材质：美耐板贴面、实木封边
颜色：黑木纹色
参考价格(元)：详细价格请咨询厂商
说明：另备有橡木白色和枫木白色的产品可供选择

电话:021-62211839
传真:021-62211848

网址:www.suncue.com.cn
E-mail:ad50160799@online.sh.cn

品牌国别:中国
生产地区:中国

金龟会议桌系列
品类:会议桌
规格(mm):2250×1700×740
　　　　　1590×1200×740
材质:美耐板贴面
颜色:榉木色、暖灰色
参考价格(元):详细价格请咨询厂商
说明:独特的蛋型桌面加以金龟龟背
　　 纹路线条设计

首领会议桌系列
品类:会议桌
规格(mm):详细规格请咨询厂商
材质:实木(贴面)
　　 钢制(桌脚)
颜色:黑木纹色、榉木色
参考价格(元):详细价格请咨询厂商
说明:桌面配有走线孔

SUNCUE

上海三久机械有限公司
地址：上海市闵行区华翔路3039号
邮编：201107

电话:021-62211839
传真:021-62211848

网址:www.suncue.com.cn
E-mail:ad50160799@online.sh.cn

品牌国别:中国
生产地区:中国

机场椅符合人体工程学设计,营造如同家一般的舒适感觉,让等待变成一种享受,让旅程变成一种期待。

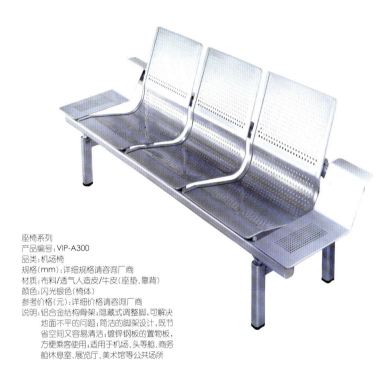

座椅系列
产品编号:VIP-A300
品类:机场椅
规格(mm):详细规格请咨询厂商
材质:布料/透气人造皮/牛皮(座垫、靠背)
颜色:闪光银色(椅体)
参考价格(元):详细价格请咨询厂商
说明:铝合金结构骨架;隐藏式调整脚,可解决地面不平的问题;简洁的脚架设计,既节省空间又容易清洁;镀锌钢板的置物板,方便乘客使用;适用于机场、头等舱、商务舱休息室、展览厅、美术馆等公共场所

■ 连接方式

A300/32　　　A300/41　　　A300/42-2

厂商简介:上海三久公司是外商独资企业,来自台湾,1993年在上海设厂,占地85000m²。公司拥有先进的自动化生产设备及台湾进口的数千套模具,专业生产钢制办公家具。产品包括系统桌、档案柜、屏风、办公座椅、主管家具、会议会客系列、沙发系列、移动储藏柜及配套系列产品等。我公司的产品可根据您的工作需要机动灵活地任意组合扩充、科学规划办公空间。

代表工程:中国证券监督管理委员会　上海市劳动局　中央电视台　通用国际贸易　中共中央对外联络部　微盟电子　佳能　雅马哈　海关总署　上海市商检局

质量认证:ISO9001-2000　ISO14001　OHSMS18001

浙江圣奥家具制造有限公司
地址：浙江省杭州市萧山经济技术开发区宁东路35号
邮编：311200

电话:021-62121064
传真:021-62122947

网址:www.sunon-china.com.cn
E-mail:sunonenjoy@vip.sina.com

品牌国别:中国
生产地区:中国

KING 系列

KING系列的设计灵感源于寓意"吉祥"的中国古神兽独角神羊獬豸,独特的造型、圆润的轮廓把自然的灵性融入其中,创造了充满和谐与力量的办公环境。该系列采用环保型MDF基材、红橡木木皮、实木封边,并采用开放式油漆涂饰工艺,使产品纹理清晰、质感真实。

产品编号:EK80
品类:大班桌
规格(mm):3600×2650×760
材质:红橡木、实木封边
颜色:W-9B
参考价格(元):70722.00
说明:含主桌、升降液晶显示器、主机、碎纸机、摄像头、鼠标、键盘、测电保护器

产品编号:EK72
品类:洽谈桌
规格(mm):1380×1380×760
材质:红橡木、实木封边
颜色:W-9B
参考价格(元):3733.00
说明:

产品编号:EK71
品类:会议桌
规格(mm):6800×2290×760
材质:红橡木、实木封边
颜色:W-9B
参考价格(元):26422.00元
说明:

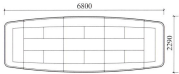

SUNON 圣奥

浙江圣奥家具制造有限公司
地址：浙江省杭州市萧山经济技术开发区宁东路35号
邮编：311200

产品编号：ED88
品类：大班桌
规格(mm)：3150×2000×760
材质：樱桃木、实木封边
颜色：W-5
参考价格(元)：10100.00
说明：含推柜

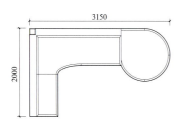

■ 局部功能特点说明　　■ 可选配件

连接件

桌脚　　桌脚

文件柜

电话:021-62121064 传真:021-62122947	网址:www.sunon-china.com.cn E-mail:sunonenjoy@vip.sina.com	品牌国别:中国 生产地区:中国

S 圣奥

产品编号:ED78
品类:会议桌
规格(mm):7129×3475×760
材质:樱桃木、实木封边
颜色:W-5
参考价格(元):35222.00元
说明:

■ 局部功能特点说明

隐藏走线

ED78系列

ED78系列源自意大利大师的设计,拥有超薄型大幅面台面,美观大方、豪华气派且极具现代感。该款产品还具有独特的压铸走线横梁设计,隐藏式桌脚走线可全方位满足班台及会议系统的走线要求,另外,该系列无锐角的设计可减少意外伤害,使用更为安全。

厂商简介:浙江圣奥家具制造有限公司是一家专门从事办公家具生产制造的中外合资企业,注册资金为1280万美元,固定资产为2.5亿元。生产基地位于钱江之畔、西湖之郊的杭州萧山经济技术开发区,工厂占地近10万多m²,是华东地区最大的办公家具生产研发基地之一。其生产线是从德国、意大利引进的先进成套设备,是全国机械化程度极高的办公家具制造企业。公司分部遍及全国各大主要城市,产品远销欧美日及东南亚等地区。本公司独立研发的专利产品有50多项,其中"升腾"升降会议桌、"格调"大班桌等产品连续多年获得国内家具设计大奖,多玛系列更在2005上海国际创意产业周上荣获创意设计银奖。

各地联系方式:

杭州总部
地址:浙江省杭州市
解放路18号
铭扬大厦6层
电话:0571-87171168

上海英九家具有限公司
(控股公司)
地址:上海市中山西路2025号
永升大厦19F(近宜山路)
电话:021-62262980
　　　13916098486

代表工程:
中央国家机关政府采购中心
法拉利展厅(上海、杭州、厦门)
北海舰队司令部 上海市锅炉厂
中国浦东干部学院 中国石油
杭州娃哈哈集团有限公司

质量认证:ISO14025

优比（中国）有限公司
地址：江苏省昆山市周市镇青阳北路56号
邮编：215314

Pixel 系列

Pixel系列屏风不仅收边精细、内部走线量大，而且还有10种不同材质表板可供选用。另外，该款产品采用插入式模块和活动表板及框架设计，除90°直角连接外，还可实现120°双向或三向连结，让空间利用更具变化。

电话:800-820-1719
传真:021-54109806
网址:www.ubos.com.tw
E-mail:marketing@ubos.cn
品牌国别:中国
生产地区:中国

优 比

Effice系列
产品编号:Effice
品类:屏风
规格(mm):1400×1800×1200
材质:贴布表板、钢板、玻璃表板
颜色:蓝色、橙色
参考价格(元):2250.00(1400mm×1400mm×1200mm标准工作位)

■ 备选材质

P704	P708	P801	P802

Y101	Y601	Y701	Y901

■ 可选配件 　　■ 局部功能特点说明

吊挂屏风及文具盒　吊挂书柜　走线槽蛇腹管　转接柱　屏风走线

SmartEffice系列
产品编号:Smart Effice
品类:屏风
规格(mm):2800×2800×1000
材质:贴布表板、钢板、玻璃表板
颜色:磨砂
参考价格(元):2000.00(1400mm×1400mm×1200mm标准工作位)

■ 备选材质

P704	P708	P801	P802
Y101	Y601	Y701	Y901

■ 可选配件　　■ 局部功能特点说明

吊挂屏风及文件架　键盘架　支撑立柱脚　转接配件　走线

优比(中国)有限公司
地址:江苏省昆山市周市镇青阳北路56号
邮编:215314

HAN系列
产品编号:HAN-1816
品类:办公桌
规格(mm):1800×1660×720
材质:橡木
颜色:浅橡木色(oak)
参考价格(元):16000.00

■ 可选配件

文件配件

吊挂文件架

■ 局部功能特点说明

抽屉

抽拉式文件架

桌脚

电话：800-820-1719
传真：021-54109806

网址：www.ubos.com.tw
E-mail:marketing@ubos.cn

品牌国别：中国
生产地区：中国

Ducale公爵系列
产品编号：MD064
品类：班台
规格(mm)：2300×2280×730
材质：枫木
颜色：枫木色(M)
参考价格(元)：28700.00

■ 局部功能特点说明

雅典系列
产品编号：MA182
品类：班台
规格(mm)：2400×2200×(700/730)
材质：樱桃木
颜色：樱桃木色(C)
参考价格(元)：26500.00

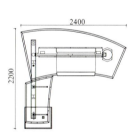

■ 局部功能特点说明

优比(中国)有限公司
地址:江苏省昆山市周市镇青阳北路56号
邮编:215314

Neon系列
产品编号:NSW2-3200
品类:班台/会议桌
规格(mm):3250×1200×750
材质:实木贴皮、铝合金脚
颜色:白樱桃木色(DC-99)
参考价格(元):11400.00

■ 备选材质

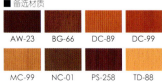

■ 局部功能特点说明

■ 会议组合模式

电话:800-820-1719
传真:021-54109806
网址:www.ubos.com.tw
E-mail:marketing@ubos.cn
品牌国别:中国
生产地区:中国

U 优比

UHJ-02系列
产品编号:UHJ-02DCL、UHJ-02SDCR、HJ-02SDSCR
品类:班台
规格(mm):详见工程图
材质:实木贴皮
颜色:铁刀木色
参考价格(元):15000.00

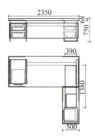

UHJ-01系列
产品编号:UHJ-01DC、UHJ-01SD
品类:班台
规格(mm):详见工程图
材质:实木贴皮
颜色:铁刀木色
参考价格(元):14000.00

CONVEXII系列
产品编号:SMX-16L
品类:班台
规格(mm):详见工程图
材质:实木贴皮
颜色:枫木色(ME-287)
参考价格(元):10900.00

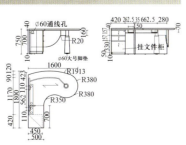

DON系列
产品编号:DON-DA200W
品类:班台
规格(mm):详见工程图
材质:实木贴皮
颜色:白樱桃木色(MC-99)
参考价格(元):9580.00

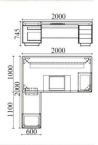

优比（中国）有限公司
地址：江苏省昆山市周市镇青阳北路56号
邮编：215314

compactus系列
产品编号：UDM/USM
品类：文件柜
规格(mm)：2955×2400×2150
材质：钢板
颜色：灰白色/黑色
参考价格(元)：66200.00
说明：转盘式直推设计，
　　　加装特殊转盘及把手

■ 局部功能特点说明

锚形把手锁　　防撞胶垫　　把手　　圆角　　通道安全锁　　转盘

电话:800-820-1719
传真:021-54109806

网址:www.ubos.com.tw
E-mail:marketing@ubos.cn

品牌国别:中国
生产地区:中国

U 优比

TD系列
产品编号:TD
品类:文件柜
规格(mm):(1000/1200)×475×(740/1050/1500/1800/2000)
材质:钢板
颜色:灰色(PY)/灰白色(BE)
参考价格(元):2400.00~4500.00
说明:KD组合设计

■ 局部功能特点说明

开放式抽屉

吊挂式公文柜

VC系列
产品编号:VC
品类:文件柜
规格(mm):900×450×(705/1031/1736)
材质:钢板
颜色:灰色(PY)/灰白色(BE)
参考价格(元):800.00~2500.00
说明:有移门、拉门、无门、抽屉柜可供选择

■ 局部功能特点说明

吊挂式公文夹

微笑形把手

天板

优比(中国)有限公司
地址:江苏省昆山市周市镇青阳北路56号
邮编:215314

ES38系列
产品编号:ES38-01STGAL
品类:办公椅
规格(mm):详见工程图
材质:真皮
颜色:白色
参考价格(元):4600.00
说明:座位上下调节;前后倾仰

RL系列
产品编号:RL-01STGCF
品类:办公椅
规格(mm):详见工程图
材质:布
颜色:黄色椅背、黑色椅座
参考价格(元):1500.00
说明:座位上下调节;前后倾仰;
　　　扶手可上下调节

RM系列
产品编号:RM-01TBGCF
品类:办公椅
规格(mm):详见工程图
材质:布
颜色:黄色椅背、黑色椅座
参考价格(元):1300.00
说明:座位上下调节;前后倾仰

RS系列
产品编号:RS-01TBGCF
品类:办公椅
规格(mm):详见工程图
材质:布
颜色:黄色椅背、黑色椅座
参考价格(元):750.00
说明:座位上下调节;前后倾仰

XB系列
产品编号:XBH-01STGAYRL
品类:办公椅
规格(mm):详见工程图
材质:真皮
颜色:黑色
参考价格(元):2850.00
说明:椅背、椅座、扶手均可调节;
　　　座位上下调节;前后倾仰

CJ系列
产品编号:CJ-01STGAMF
品类:办公椅
规格(mm):详见工程图
材质:网背、布料椅座
颜色:黑色
参考价格(元):2500.00
说明:扶手、头枕、腰靠可调节;
　　　座位上下调节;前后倾仰

SIM系列
产品编号:SIM-A02TBGAMF
品类:办公椅
规格(mm):详见工程图
材质:网背、布料椅座
颜色:黑色
参考价格(元):1000.00
说明:座位上下调节;前后倾仰

G5系列
产品编号:G5-01STGATF
品类:办公椅
规格(mm):详见工程图
材质:网背、布料椅座
颜色:白色
参考价格(元):2500.00
说明:扶手、头枕、腰靠可调节;
　　　座位上下调节;前后倾仰

电话:800-820-1719
传真:021-54109806

网址:www.ubos.com.tw
E-mail:marketing@ubos.cn

品牌国别:中国
生产地区:中国

JAZ系列
产品编号:JAZ-02W
品类:沙发
规格(mm):详见工程图
材质:绒布
颜色:蓝色
参考价格(元):1900.00(单人)
2750.00(双人)
3580.00(三人)

SFA系列
产品编号:SFA-02F
品类:沙发
规格(mm):详见工程图
材质:布
颜色:黑色、黄色
参考价格(元):1730.00(单人)
2450.00(双人)
3150.00(三人)

WGS系列
产品编号:WGS-02F
品类:沙发
规格(mm):详见工程图
材质:布
颜色:橙色、黑色
参考价格(元):2100.00(单人)
2900.00(双人)
3850.00(三人)

TRI系列
产品编号:TRI-A01TT
品类:沙发
规格(mm):详见工程图
材质:布
颜色:红色
参考价格(元):1700.00

厂商简介:优比办公家具源于台湾著名企业——优美企业集团,优美企业成立于1973年,是办公家具设备制造及销售服务厂商,迄今,不仅在台湾市场占有领先地位,更拥有完整的亚洲营销网络,优美企业以"人性、空间、科技"为使命,致力满足顾客多元化需求,除了高质量的办公家具产品外,还可提供办公环境所需要的空间设计、规划、工程施作,以及一般文具用品、全自动化OA设备、计算机软件、网络通讯等,均可透过优美企业的"Office Total Solutions"办公室整体解决方案,提供给企业用户由天到地,从入口到出口的一切设备需求,通过单一窗口即可得到全套服务。

各地联系方式:

台北
地址:台湾省台北县五股工业区五权五路2号
电话:00886-2-22996666

上海
地址:上海市中山南二路1089号徐汇苑徐汇大厦10楼
电话:021-64566699

香港
地址:香港鲗鱼涌英皇道979号太古坊康和大厦北翼15楼
电话:00852-28383262

苏州
地址:江苏省苏州市中新路苏源大厦301A室
电话:0512-65265860

江苏
地址:江苏省昆山市周市镇青阳北路56号
电话:0512-57623636

东莞
地址:广东省东莞市东城城区旗峰路福民广场7楼F、G单位
电话:0769-2364206

北京
地址:北京市东城区建国门内大街18号恒基中心2层084号
电话:010-65188686

经销部
地址:上海市宋园路52弄红典公寓1201室
电话:021-52570681

代表工程:
P&G
IBM
PHILIPS
NEC
HP
MOTOROLA
KFC
中国银行
工商银行
可口可乐

质量认证:
ISO9001-2000
ISO14001
BIFMA

USM
Modular Furniture

上海境尚贸易有限公司
地址：上海市长乐路801号华尔登广场402室
邮编：200031

USM模块式家具的基本元素是球、管子和钢板，就好象设计中的点、线和面。功能上也是这样，配合不同的配件满足不同的功能。USM模块式家具完全可以按照个人意愿随意组合，而随着组合的改变其用途也可随之改变，可满足完全个性化的需求。

电话:021-54043633/54047457
传真:021-54048974
网址:www.usm.com
E-mail:info@asia-view.com
品牌国别:瑞士
生产地区:瑞士

U 境尚

Haller系列
品类:侧柜
规格(mm):750×500×640
材质:钢制
颜色:有多种颜色可供选择
参考价格(元):18666.00
说明:有两个175 mm抽屉带锁,一个拉盘,一个平拉门带锁

■ 可选配件

抽屉和文件拉盘

抽屉内配件

Haller系列
品类:书柜
规格(mm):2250×350×740
材质:钢制
颜色:红色
参考价格(元):16482.00
说明:全开放式书柜,其中一格为下拉门带锁

■ 可选配件

文件盒

文件栏

USM
Modular Furniture

上海境尚贸易有限公司
地址：上海市长乐路801号华尔登广场402室
邮编：200031

Haller系列
品类：背柜
规格(mm)：3000×350×1790
材质：钢制
颜色：黑色
参考价格(元)：94502.00
说明：顶层为上翻门带锁，其余都是下拉门带锁

USM的柜子可以任意搭配，可大可小，功能也变得多种多样，别具一格，让人耳目一新。它可以安装各种各样的门，也可在开放式的柜子里加拉盘、层板、斜板，可放CD、DVD、展示杂志、样本等。不同的配件其价格也不相同，可以满足不同的预算。

■ 可选配件

玻璃门　上翻门　拉盘及分隔盒　CD盘　下拉门

电话：021-54043633/54047457
传真：021-54048974

网址：www.usm.com
E-mail:info@asia-view.com

品牌国别：瑞士
生产地区：瑞士

境 尚

Haller系列
品类：陈列柜
规格(mm)：2250×350×1440
材质：钢制
颜色：碳黑色
参考价格(元)：54793.00
说明：上两层为展示斜板，下两层为下拉门带锁

■ 可选配件

陈板

展示斜板

Haller系列
品类：展示柜
规格(mm)：1000×350×1440
材质：钢制、玻璃
颜色：黑色
参考价格(元)：48744.00
说明：底层为下拉门带锁，其余都是玻璃门带锁，无射灯

■ 线路管理说明

射灯走线

■ 可选配件

小射灯

USM
Modular Furniture

上海境尚贸易有限公司
地址:上海市长乐路801号华尔登广场402室
邮编:200031

A
Kitos系列
品类:办公桌
规格(mm):1800×900×740(主桌)/900×230×740(侧桌)
材质:大理石、镀铬钢管
颜色:大理石色
参考价格(元):99591.00(含侧桌,不含配件)
说明:配套产品:推柜,规格(mm):395×500×630,参考价格(元):15618.00

B
Kitos系列
品类:圆形会议桌
规格(mm):Ø1100×740
材质:玻璃、镀铬钢管
颜色:透明
参考价格(元):33013.00
说明:玻璃桌面;高度不可调

C
Kitos系列
品类:讲台桌
规格(mm):900×750×(660~1030)
材质:大理石、镀铬钢管
颜色:大理石色
参考价格(元):50451.00
说明:可倾斜;可手动调高低;有一个铅笔盘;带走线链

电话:021-54043633/54047457
传真:021-54048974

网址:www.usm.com
E-mail:info@asia-view.com

品牌国别:瑞士
生产地区:瑞士

U 境尚

Kitos系列
品类:办公桌
规格(mm):1800×900×740(主桌)
　　　　　900×792×740(侧桌)
材质:榉木、镀铬钢管
颜色:榉木色
参考价格(元):40522.00(含侧桌)
说明:配套产品,推柜,规格(mm):395×500×605,
　　　参考价格(元):11320.00

■ 局部功能特点说明

镀铬钢管骨架

镀铬钢管骨架

Haller系列
品类:会议桌
规格(mm):1750×750×740
材质:黑橡木
颜色:黑橡木色
参考价格(元/个):13797.00
说明:配套产品,侧柜,规格(mm):3000×350×1090,
　　　参考价格(元):36477.00

■ 备选材质

防火板

榉木

玻璃

黑橡木

大理石

厂商简介:USM家族企业于1885年在瑞士成立,早期以生产金属配件起家。1969年USM正式大规模投入家具生产,慢慢转化成一家以生产模块式家具为主的厂商。USM销售网已在36个国家拥有300多个经销商,并在德国、法国、美国成立了自己的子公司。产品中性化的设计可放于各种不同环境中,使用范围包括住宅、酒店、医院、办公室、图书馆等等。产品风格既现代又古典,给人以新颖、独特的视觉效果,永不落伍、经久不衰。

USM专卖店
地址:上海市南京西路1266号恒隆广场413A室
电话:021-61201089
网址:www.usm.com

代表工程:瑞士再保险 阿迪达斯
Seepex Hugo Boss Honeywell
中国科学院 上海电力 上海家化
香港贸易发展局 大成基金

上海韦卓办公家具有限公司
地址：上海市闵行区梅富路58号
邮编：201100

Lofty 班台系列

Lofty系列总裁级班台,现代、时尚,简约而不简单,完全符合公司高层管理逐渐年轻化的趋势。

Lofty系列
产品编号：LFD-AL22102205
品类：总裁级班台
规格(mm)：2200×1000×750(主台)
　　　　　404×500×660(三抽活动柜)
　　　　　1800×450×1780(实木文件柜)
　　　　　1500×400(玻璃档板)
材质：实木贴皮
颜色：黑橡木色
参考价格(元)：12355.00
说明：进口实木木皮台面,"大宝"环保油漆；
　　　德国"海蒂斯"铰链及导轨,台湾进口锁具；
　　　标准MFC环保板材,达到国家E1标准；
　　　有实木贴皮和标准MFC板材可供选择

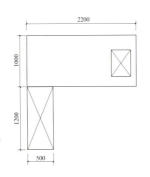

■ 配套产品

产品编号：BRWC-ML1250
品类：组合侧柜
规格(mm)：1200×500×660
参考价格(元)：1900.00

电话:021-54385856
传真:021-54384300
服务热线:021-54373723

网址:www.sh-valuable.com
E-mail: wzof@vip.sina.com

品牌国别:中国
生产地区:中国

V 韦 卓

Lofty 主管桌系列

Lofty系列"诺菲妮"行政主管桌,设计简约、优美。侧桌为坐地柜桶支撑,稳定而又实用。

Lofty系列
产品编号:LFD-BR20092006
品类:行政主管办公桌
规格(mm):2000×900×750(主桌)
　　　　　1100×600×750(侧桌)
　　　　　1500×400(玻璃挡板)
材质:实木贴皮
颜色:榉木色
参考价格(元):5450.00
说明:进口实木木皮台面,"大宝"环保油漆;
　　　德国"海蒂斯"铰链及导轨,台湾进口锁具;
　　　标准MFC环保板材,达到国家E1标准;
　　　有实木贴皮和标准MFC板材可供选择

■ 配套产品

产品编号:BRWG-0405
品类:三抽落地柜
规格(mm):404×600×725
参考价格(元):1220.00

■ 局部功能特点说明

设计简洁的办公桌配以磨砂玻璃挡板,更显通透、时尚。

上海韦卓办公家具有限公司
地址：上海市闵行区梅富路58号
邮编：201100

Lofty 工作站系列

Lofty系列工作站组合，开放式的办公环境，
营造轻松、舒适的沟通氛围。

Lofty系列
品类：工作站组合
规格(mm)：1500×700×750(独立台)
　　　　　1500×100×300(玻璃屏风)
　　　　　404×500×660(三抽活动柜)
材质：标准MFC板材
颜色：亚灰色
参考价格(元)：11670.00(含台架、台面板、桌上屏风、活动柜)
说明：优质高温氧化成型的铝合金框架；标准MFC环保板材，
　　　达到国家E1级标准；德国"海蒂斯"铰链及导轨，台湾进口锁具

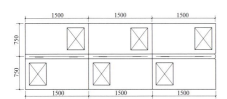

■ 局部功能特点说明

内六角螺丝横梁连接，稳固而不失美感。

台脚具有简洁的造型，质感的风格。　　钢化磨砂玻璃屏风，形成相互独立而又便于沟通的办公氛围。

电话:021-54385856
传真:021-54384300
服务热线:021-54373723

网址:www.sh-valuable.com
E-mail: wzof@vip.sina.com

品牌国别:中国
生产地区:中国

V 韦 卓

Lofty 会议系列

Lofty会议系列产品满足各种会议空间的需求,简洁大方,使你在紧张的会议氛围中拥有轻松的心境。

Lofty系列
产品编号:LFM-D3614
品类:长方形会议桌
规格(mm):3600×1400×750
材质:实木贴皮
颜色:白枫木色
参考价格(元):7780.00
说明:进口实木木皮台面,"大宝"环保油漆;标准MFC环保板材,达到国家E1标准;优质高温氧化成型铝合金框架;有实木贴皮和标准MFC板材可供选择

3600 × 1400

■ 配套产品

产品编号:BRWM-0405
品类:三抽活动柜
规格(mm):404×500×660
参考价格(元):1230.00

产品编号:BRWC-MD0705
品类:抽斗侧柜
规格(mm):790×500×660
参考价格(元):2250.00

厂商简介:上海韦卓办公家具有限公司,创建于1995年,是专业设计生产、销售办公家具及汽车展厅家具的企业。她引进了德国豪迈公司最新型BAZ322CNC加工中心、双端铣、六排钻和专用型全自动封边机(可实施铝合金封边作业)、电子锯等先进设备。同时,她也专注产品的环保要求,所选原材料大部分从欧洲国家进口。2005年在上海奉浦工业园区新建2万m²厂房,采用德国专业公司设计的生产流水线,投资总计4500万人民币。

代表工程:通用汽车 福特汽车 宝马汽车 深发展银行 AC尼尔森

质量认证:德国TUV ISO9001

百利文仪集团（中国）有限公司
地址：香港九龙长沙湾荔枝角道781号宏昌工厂大厦829A-B室

V45-001系列

V45-001系列屏风拥有人性化的内凹枕形主台设计，给使用者提供了一个安全、宁静的办公场所。该款产品集团化的组合模式，简洁的功能设置，实用的办公空间节省方案以及资讯收集中心与终端批处理工作站并行方案，为呼叫中心工作站掀开了无纸办公环境的新篇章。

电话:00852-23850895
传真:00852-23602895

网址:www.victory-cn.com
E-mail: victory@victory-cn.com

品牌国别:中国
生产地区:中国

百利文仪

产品编号:V45-001
品类:屏风工作站
规格(mm):5720×1400
材质:胶板、三聚氰胺板、钢板、布绒、玻璃、铝材
颜色:彩色、木纹色
参考价格(元):18173.00

■ 局部功能特点说明

吊柜 　挂件 　键盘架
桌脚 　文件柜 　文件柜

■ 备选材质

01　02　03　04　05　07

百利文仪集团(中国)有限公司
地址:香港九龙长沙湾荔枝角道781号宏昌工厂大厦829A-B室

产品编号:V45-007
品类:屏风工作站
规格(mm):2710×2710
材质:胶板、三聚氰胺板、钢板、布绒、玻璃、铝材
颜色:彩色、木纹色
参考价格(元):9855.00

■ 局部功能特点说明

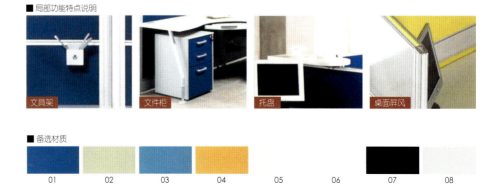

■ 备选材质

电话：00852-23850895　　网址：www.victory-cn.com　　　　品牌国别：中国
传真：00852-23602895　　E-mail：victory@victory-cn.com　生产地区：中国

百利文仪

产品编号：288V-V1
品类：屏风工作站
规格(mm)：3326×1799
材质：胶板、三聚氰胺板、钢板、布绒、玻璃、铝材
颜色：彩色、木纹色
参考价格(元)：5278.00

■ 局部功能特点说明

过线环　　平面插座板

桌面柜　　吊卷帘柜

产品编号：288-V3
品类：屏风工作站
规格(mm)：3800×2300
材质：胶板、三聚氰胺板、钢板、布绒、玻璃、铝材
颜色：彩色、木纹色
参考价格(元)：4348.00

■ 局部功能特点说明

台底走线槽　　纵向走线插座

卷帘门柜　　双层吊书架

■ 备选材质

01　02　03　04　05　06　07　08　09　10　11

百利文仪集团(中国)有限公司
地址:香港九龙长沙湾荔枝角道781号宏昌工厂大厦829A-B室

君系列

君系列桌组主台面采用"户对"形设计,并配有矩形附台、墙体走线槽和前挡板,其设计风格独特、色彩鲜明,突显了该款产品的尊贵气派。

产品编号:KING-03
品类:桌组
规格(mm):2310×2300×760
材质:中纤板、实木贴皮
颜色:原木色
参考价格(元):13060.00

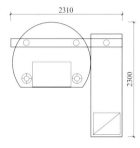

产品编号:KING-D03
品类:会议桌组
规格(mm):6600×1900×760
材质:中纤板、实木贴皮、钢材
颜色:原木色
参考价格(元):218916.00

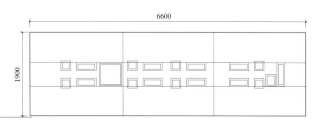

■ 局部功能特点说明

智能化终端关闭状态

智能化终端开启状态

电话:00852-23850895
传真:00852-23602895

网址:www.victory-cn.com
E-mail: victory@victory-cn.com

品牌国别:中国
生产地区:中国

百利文仪

产品编号:V45-11
品类:桌组
规格(mm):2800×2100×750
　　　　　2900×2100×750
　　　　　3100×2100×750
材质:三聚氰胺板、钢材
颜色:木纹色、灰色
参考价格(元):4612.00
　　　　　　　4628.00
　　　　　　　4749.00

产品编号:V45-17
品类:桌组
规格(mm):2300×1950×750
　　　　　2400×1950×750
　　　　　2600×1950×750
材质:三聚氰胺板、钢材
颜色:木纹色、彩色
参考价格(元):3971.00
　　　　　　　4027.00
　　　　　　　4152.00

厂商简介:百利集团是一家集研发、制造、销售、售后服务于一体的大型专业化办公家具企业,现任中国家具协会副理事长单位,她的前身是成立于1985年的香港港利工程有限公司。十几年来集团以提升顾客办公环境质素为己任,以"追求客户满意,创新、改进永无止境"为经营理念,走过了一段蓬勃的发展历程,产品畅销海内外。百利集团现已拥有一个驻海外的产品信息工作站、一个国内成套的产品研发中心以及广州、上海两地近10万m²制造基地。百利集团业已拥有实木班台、板式桌组、屏风工作站、沙发、座椅、钢制品等6大系列产品,已获得30多项国家产品专利,另外,"VICTORY"商标获得了办公家具行业首个"广东省著名商标"。

各地联系方式:

广州市百利文仪实业有限公司
地址:广州市白云区新市街明珠北路8号
电话:020-86305887

广州市百利文仪工程有限公司
地址:广州市天河北路177号祥龙花园祥龙阁2304~2305室
电话:020-85250828

广州市百利文仪实业有限公司北京销售分公司
地址:北京市朝阳区北五环来广营西路北侧顾家庄村东侧
电话:010-84912228

上海百利文仪实业有限公司
地址:上海市闵行区华漕镇红南路88号
电话:021-62969699/62964744

广州市百利文仪实业有限公司上海分公司
地址:上海市闵行区春申路(梅园工业园)2658弄35号
电话:021-54382366/54386986

代表工程:中国移动通讯广东分公司　一汽大众奥迪全国专卖店　奥地利驻广州领事馆
新白云国际机场股份有限公司　长庆油田　胜利油田　南方航空　空中客车北京公司
国家教委考试中心　新华社香港分社九龙办事处

广州市白云韦卓办公家具厂
地址:广州市白云区新市街明珠北路4号
电话:020-86308981

广州信念办公环境工程设计有限公司
地址:广州市白云区新市街齐富路自编5号
电话:020-86302928

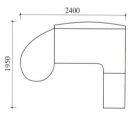
质量认证:ISO9001 ISO14001

YOUR GOOD

上海优格装潢有限公司
地址：上海市嘉定区浏翔公路3365号
邮编：201818

Y1系列

电话:021-59513669
传真:021-59513269

网址:www.yourgood.com
E-mail:sinky@yourgood.com

品牌国别:中国
生产地区:中国

Y1系列

把艺术表现与文化内涵有机结合,精致的系统含带精巧的功能,在各种空间铺展延伸,展现出高层次空间环境的生命形态及前卫意识,使之成为时尚与流行的代言,彰显其行业统领的气质及贵族风范。

产品编号:Y1
品类:隔间
材质:详见备选材质
参考价格(元/m²):800.00~2000.00
防火性能:1.00h
平均隔音量(100~4kHz):41.5dB

■ 产品装饰效果

 2400mm带状面板
 材质多样
 光墙
 吊挂功能

■ 局部功能特点说明

 钢立柱31道滚压成型
 伸缩槽钢
 走线功能
 "井"字结构
 承重

■ Y1系列产品说明

规格	面板(宽×高)	带状:570mm×2400mm
		整片式:1200mm×2400mm
	顶收边外观高度	45mm
	踢脚板高度	90mm
	间距条外观宽度	16.2mm
	墙厚	92mm
外观		面板跨距可达2400mm,黄金分隔,恰到好处地做到最佳视觉比例
		阴阳转角纤美精细,是现代装潢潮流的追宠
		9mm薄收边,"精"、"细"、"巧",符合欧洲风格
		拉丝造型踢脚板,外盖式安装,拆卸方便,美观且便于线路维修
结构		钢立柱经机械31道弯一次滚压成型,精确度高,尺寸正负公差控制在0.5mm,防火耐燃,熔点为1450℃,远高于传统铝框结构655℃
		隔间框架骨料可配合天花板高度(2400~2700mm、2700~3000mm)伸缩300mm,成为带得走的装潢
		内部为"井"字连接,稳定坚固,符合工程力学
功能		强大的吊挂功能,亦可吊柜、挂桌、隔间接屏风等,活化立体空间
		钢骨中空,走线便捷
可搭配的系统和功能		G1单玻系统、NYW壁挂系统
		暗柜、明柜、推拉柜、掀柜、移柜、暗门、旋转门、移动门、灯柱、光墙、背投、家庭影院等
用途		高级办公间隔断、商业隔断、家庭隔断、店面装饰、公共廊道、展厅布置、电梯间等

YOUR GOOD

上海优格装潢有限公司
地址：上海市嘉定区浏翔公路3365号
邮编：201818

G1系列

电话:021-59513669
传真:021-59513269

网址:www.yourgood.com
E-mail:sinky@yourgood.com

品牌国别:中国
生产地区:中国

Y 优格

G1系列

它是单层的,以玻璃为首选材质的搭配性系统,它构造简单,既能区隔空间,又能使空间与空间之间具有通透感,强调视觉舒适及光源共享,追求自然、简洁、明快的效果,可配合其他系统应用于办公空间、商业空间、公共空间、家庭空间等。

产品编号:G1
品类:隔间
材质:详见备选材质
参考价格(元/m²):450.00~800.00
防火性能:1.00h
平均隔音量(100~4kHz):41.5dB

■ 局部功能特点说明

小弧形纵向分隔

54柱纵向分隔

纤细小转角

弧形门楣

系统结合(Y1+G1)

■ 产品装饰效果

■ G1系列产品说明

规格	面板(宽×高)	玻璃厚8mm	整片式:1200mm×2700mm
			块状:1200mm×573mm
		玻璃厚12mm	整片式:1400mm×2700mm
			块状:1400mm×573mm
	顶收边外观高度		29mm
	踢脚板高度		90mm
外观	独特的弧形门楣内打灯,造型精美别致,赋予空间优雅情趣		
	粗犷线条的54柱分割,柔美的小弧形分割,纤细的小铝条分割,多样化的风格设计		
结构	圆弧形纵向分隔柱及54分割柱		
	内钢外铝,稳定性强		
	具伸缩调节功能,可吸收修正地面水平误差40mm		
	采用单层玻璃,符合一般装修手法,时尚现代亦符合经济预算		
	可以选择8mm和12mm厚度的各种玻璃		
功能	由简单的模块和通用组件组成,可快速组装,重复利用		
	系统、材质及其分隔形态如魔术方块可自由变化及组合,引发设计灵感		
用途	办公隔断、商业隔断、家庭隔断、公共廊道、展厅布置、卫生间隔间等		

上海优格装潢有限公司
地址：上海市嘉定区浏翔公路3365号
邮编：201818

NYW 系列

电话:021-59513669
传真:021-59513269

网址:www.yourgood.com
E-mail:sinky@yourgood.com

品牌国别:中国
生产地区:中国

Y 优格

NYW 系列

是由简单的模块和通用元件组成,附着墙壁施工,采用干挂方法包覆内墙,有利于墙体水分释放、墙体的呼吸、保温及延长墙体的寿命,是一个用于安装和装饰墙壁的绝佳系统。它可应用于廊道、大厅、卫生间、电梯间、旧楼改装、地铁等公共场所及其他空间环境。

产品编号:NYW
品类:隔间
材质:详见备选材质
参考价格(元/m²):350.00~900.00
防火性能:1.00h

■ 产品装饰效果

光柱

指引牌

吊挂

■ NYW产品说明

外观	多种面板材质可选,可单一或组合运用,打破传统装修的简单呆板,丰富了空间内容
	避免湿式施工的抹灰填缝,保持墙体表面的干净光洁
	结构具有调节水平和垂直的功能,使得墙体表面材质与天花、地板保持协调
结构	依附墙体施工,利用44钢柱及连接件将玻化砖、薄材大理石、陶板等各种新型建材安装在建筑物内墙表面
	壁挂面板线距墙为54mm
	壁挂立柱线与墙壁具有32~58mm的调节范围,一般设定为41mm
	面板厚度不大于13mm
	当壁挂立柱线距墙壁大于58mm,需要另加调整件
	隔间在阴角与阳角处均设有一支转角柱
	壁挂隔间有特设连接件,可以与木工墙或系统隔间作连接
功能	干挂施工,使得表面材质在恶劣环境下也不会产生龟裂、白华等湿贴易出现的问题,抗冻、耐酸、防污性佳,其最终施工品质有保证
	模块组装,施工快捷
	干挂可减轻建筑物自重,钢立柱也经防锈处理,承载力强,高度可达20000mm
	透气、保温、延长墙体的使用寿命
	表面材质更换简单,可永久保值
	具强大走线、吊挂功能

上海优格装潢有限公司
地址：上海市嘉定区浏翔公路3365号
邮编：201818

NYG 系列

电话:021-59513669
传真:021-59513269
网址:www.yourgood.com
E-mail:sinky@yourgood.com
品牌国别:中国
生产地区:中国

Y 优格

NYG 系列

流畅的线形构架,简约的设计风格,运用"简"、"易"、"捷"手法描绘空间环境。机械生产、模块组装、经济环保、节约时效,打造舒适的办公空间。

产品编号:NYG
品类:隔间
材质:详见备选材质
参考价格(元/m²):500.00~900.00
防火性能:1.00h
平均隔音量(100~4kHz):41.5dB

■ NYG系列产品说明

规格	面板(宽×高)	长条状:1200mm×570mm
		整片式:1200mm×2307mm
	上槽	25mm
	下槽	25mm
	间距条外观宽度	16.2mm
	墙厚	82mm
外观		转角圆弧造形,外扣式安装,走线方便,表面可覆布饰、木纹薄片、波音软片、壁纸等材质,突破传统,大胆时尚
		国外流行趋势,上下收边纤细精致
		整条式间距条,线条流畅,保持整体环境的美观协调
结构		伸缩槽钢,具100mm调节空间,无需现场裁切
		隔间主骨架为44钢骨,闭口型设计,内部"井"字连接,牢固不易变形
功能		立柱中空,解决布线难题
		强大的吊挂功能,不同的设计可满足不同的功用,充分利用墙面的立体空间
可搭配的系统和功能		外盖轻型间距条、暗柜、明柜、转角装饰、可开式面板、背投、百叶帘、单层玻璃、壁挂系列等
用途		办公隔断

■ 局部功能特点说明

外扣式转角

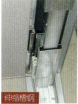
伸缩槽钢

"井"字结构

面板接百叶

273

上海优格装潢有限公司
地址：上海市嘉定区浏翔公路3365号
邮编：201818

随着社会日益发展，人们对居住及办公环境的要求也越来越高，单一平面的墙体再也难以满足人们对空间视觉的舒适及功能的要求，故现代空间隔断很少采用单一的材料，而是各种规格化的面料组合运用，外加以不同功能的融入，抹去传统隔断的简单呆板，从而演变成一种变通性强，由单元支柱为主体结构的系统隔断。

为规范隔断行业，共同创造舒适、美观及功能共享的空间环境，优格公司提出系统组合隔间应具备五个基本行业概念：
装潢工业化、装潢系统化、装潢资产化、系统多元化、服务标准化。

功能展示

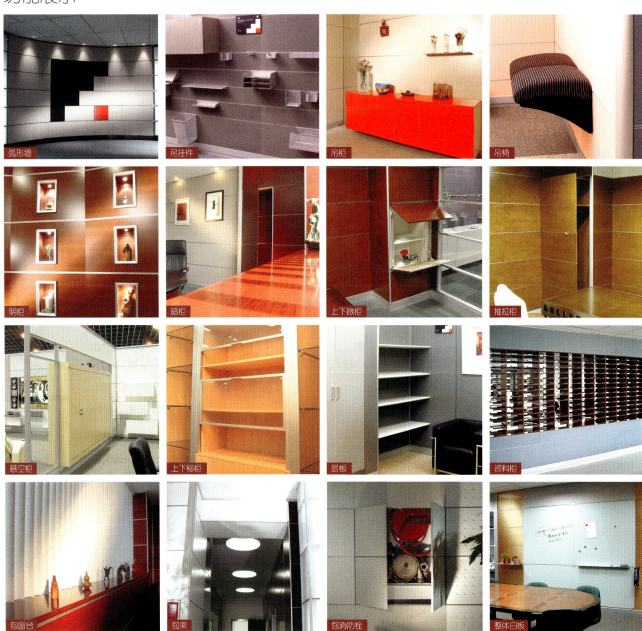

电话:021-59513669
传真:021-59513269

网址:www.yourgood.com
E-mail:sinky@yourgood.com

品牌国别:中国
生产地区:中国

装潢工业化:工业化生产,机械化制造,品质统一稳定、安全可信赖。
装潢系统化:制定标准规范,把各个单元功能形成套装式的系统商品,来配合不同环境的需求与空间的特性。
装潢资产化:符合环保概念,可以再使用、再循环。装潢不再是需处理的垃圾,而成为可以带得走的资产。
系统多元化:环境是一个多变的、复合的空间,它需各个方面的——或材质,或功能,或系统的融入及搭配来营造不同功用的各种空间环境。
服务标准化:电脑作业流程,ERP管理系统——为客户每例工程建立电子身份证,电脑下单生产,依据标准作业流程保障终身服务。

功能展示

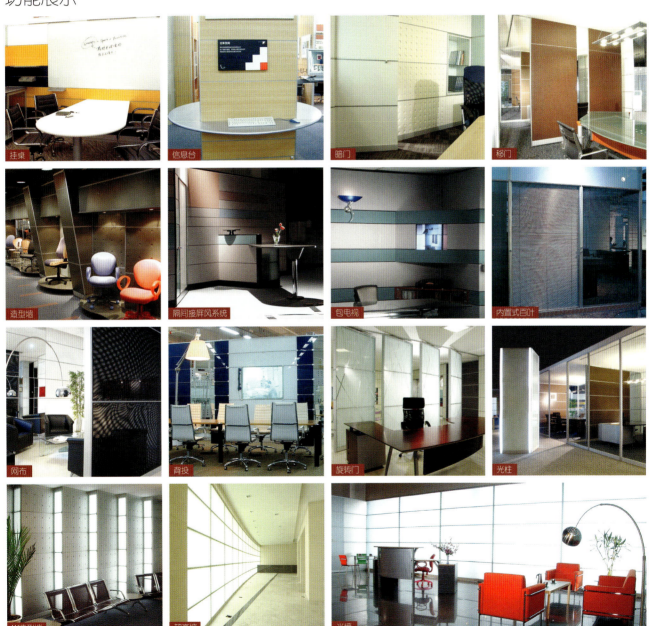

上海优格装潢有限公司
地址：上海市嘉定区浏翔公路3365号
邮编：201818

功能与系统的融入使空间顿时变得生动起来，它们之间可以是相互衔接的，也可以是单一独立的；可以是协调统一的，也可以是风格迥异的。它灵活多变，巧妙搭配来营造一场流光溢彩、活泼生动的超凡视觉盛宴。

空间展示

电话:021-59513669
传真:021-59513269

网址:www.yourgood.com
E-mail:sinky@yourgood.com

品牌国别:中国
生产地区:中国

Y 优格

厂商简介:1978年,优格公司董事长薛益成先生进入蜂巢板组合隔间行业,历经工厂工人—装修工程监工—工厂厂长—销售员—设计工程师—销售经理,从而成为台湾组合隔间行业极少数拥有工厂作业、设计领域、装修工程经验、系统开发、系统销售为一体的专业人才。
1992年,优格在台湾成功吸引设计师用系统隔间替代传统装修。
1993年,优格成为第一家在台湾推动"办公室系统隔间"的公司。
1994年,优格与台湾大型行销公司搭配,携手"办公室系统隔间"的推广并使其覆盖了整个台湾市场。
1995年,优格将台湾最好的系统隔间带进大陆。
1997年,优格透过行销通路将"带得走的装潢"概念在大陆市场加以推广。
1999年,优格成功研发出具有"横挂功能"的系统隔间,开创隔间新纪元。
2000年,优格把"三位一体"(具墙、柜、屏风)的墙面又融入了多种功能,使隔断业涉足装潢领域并取得主导地位,同年,优格公司提出"装潢五化"概念并加以延伸。
2001年,优格提倡并组建"专业系统隔间服务网络"团队为全国客户服务。
2003年,优格推出伸缩钢骨结构,省时省工且更具稳定性,变更性强,空间涵盖面更广。
2004年,优格整合复合式面材进入不同的空间,丰富了空间的层次及色彩。
2005年,优格成为隔断行业的标榜,并以"永续经营,终身服务"为宗旨承诺客户。

各地联系方式:

北京
地址:北京市朝阳区百子湾16号后现代城5号楼A座606、607室
电话:010-87732184
传真:010-87732184-616

上海
地址:上海市嘉定区浏翔公路3365号
电话:021-59513669
传真:021-59513269

广州
地址:广州市德政北路443号广东装饰大厦4楼
电话:020-83335897/31774433
传真:020-83335897

台湾
地址:台湾省台北县土城市永丰路195巷28-1号
电话:00886-2-22611899
传真:00886-2-22614545

技术指导(设计师专线)
电话:13701753817

代表工程:中央电视台 中国航天 中国电信指挥中心 华硕电脑股份有限公司 IBM中国有限公司 UT斯达康集团 NOKIA总部 友邦保险公司 深圳广播电视台 南京MOTO研发总部

质量认证:ISO19001-2000

注意:由于印刷关系,可能与实际产品的颜色有所差异,选用时请以实物颜色为准。

室内设计参考资料

附录

办公家具与室内布置 / 2
Office Furniture and Interior Arrangement

办公家具与人体工程学 / 8
Office Furniture and Human Engineering

通讯录 / 14
Addresses

appendix

办公家具与室内布置
Office Furniture and Interior Arrangement

■ 文/曾坚 校/方海

作者简介：
曾坚，中国建筑学会室内设计分会名誉理事长，资深室内建筑师。

作为建筑师和室内设计师对办公室内办公家具之间的尺度关系是清楚的，但是为了让他们在布置办公室平面时方便查找，《手册》提供几种办公家具布置的典型尺度关系。使用时还要设计者根据实际需要决定尺寸数据。

一、经理私人办公室的室内布置

1. 图1、图2：显示经理私人办公室的办公桌椅及三位来访客人的座位的室内布置。
2. 图3：经理私人办公室，前有来访客人的座位，后有文件柜的室内布置。
3. 图4：家具间距及男、女使用最高搁板高度。
4. 图5：圆形办公桌，包括来访客人的座位所需的尺寸。
5. 图6：四人小型会议布置、所需面积。

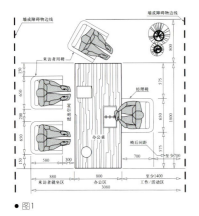

● 图1

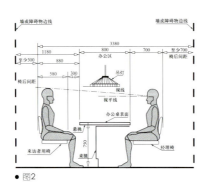

● 图2

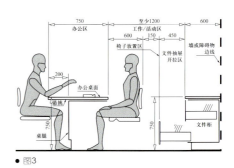

● 图3

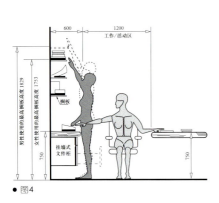

● 图4

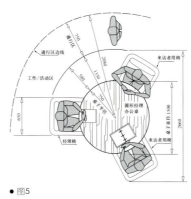

● 图5

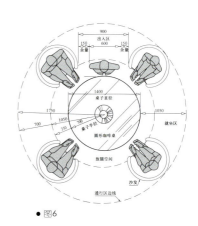

● 图6

二、普通办公室的室内布置

1. 图7、图8：普通办公室，办公桌侧向有打字桌、前面有来访客人座位的室内布置。
2. 图9、图10：普通办公桌侧向附有打字桌，图左表示打字桌侧面图。图9、图10分别为男女工作人员。
3. 图11：普通办公桌侧向附有打字桌，后面有文件柜的"U"字形的室内布置。
4. 图12：普通办公桌后有带抽屉的文件柜的室内布置。
5. 图13：普通办公桌后有通道的室内布置。

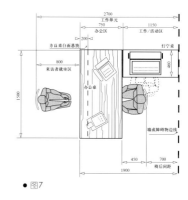
● 图7

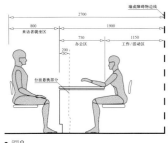

● 图8

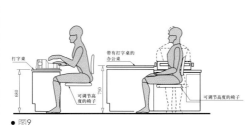
● 图9

● 图10

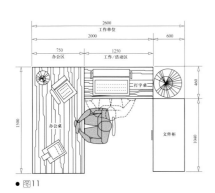
● 图11

● 图12

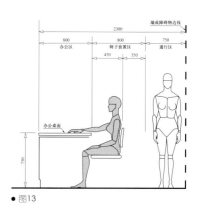
● 图13

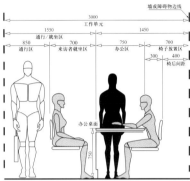
● 图14

6. 图14：后面靠墙的普通办公桌前面有来访者座位及通道的室内布置。
7. 图15：普通办公桌侧向有通道的室内布置。
8. 图16：普通办公桌成排布置。
9. 图17：两个相连并附有打字桌的办公桌的"U"字形室内布置。
10. 图18：前有吊柜的普通办公桌室内布置。
11. 图19：两个成排带有吊柜的办公桌，中间有通道的室内布置。
12. 图20：普通办公桌后有文件柜，两者之间的距离兼作通道的室内布置。
13. 图21：普通办公桌后有文件柜，两者之间的距离兼作通道外另有一通道的室内布置。
14. 图22：普通办公桌侧向有文件柜，两者之间的距离兼作通道的室内布置。
15. 图23：后有通道的文件柜的室内布置。
16. 图24：成排相对的文件柜之间有通道的室内布置。
17. 图25：成排相对的文件柜之间有兼作通道的室内布置。
18. 图26：柜台式办公桌的布置。（男性）
19. 图27：柜台式办公桌的布置。（女性）

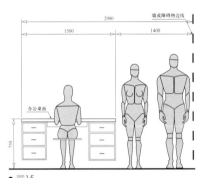
● 图15

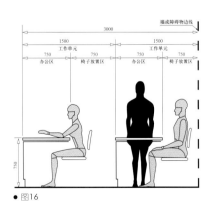
● 图16

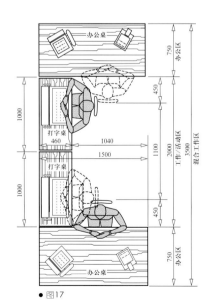
● 图17

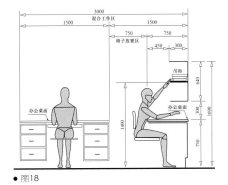
● 图18

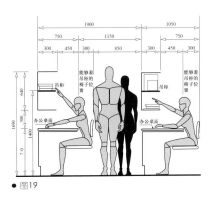
● 图19

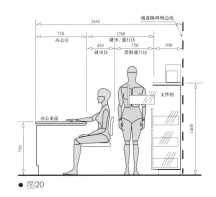
● 图20

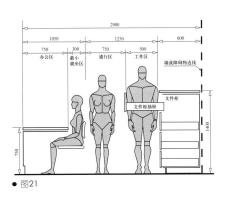
● 图21

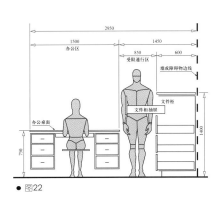
● 图22

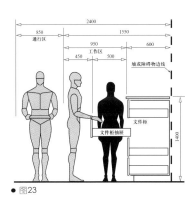
● 图23

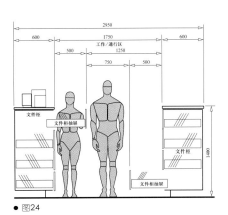
● 图24

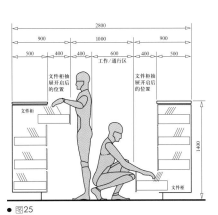
● 图25

三、接待室

1. 图28：接待柜的布置，接待员坐高椅。
2. 图29：接待柜的布置，接待员坐普通高度的椅子。
3. 图30：接待室布置，方形茶几。
4. 图31：接待室布置，圆形茶几。

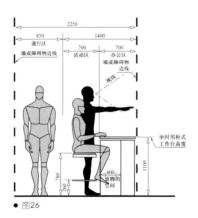
● 图26

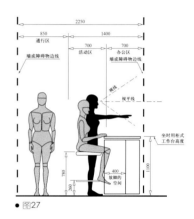
● 图27

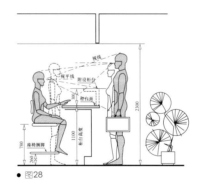
● 图28

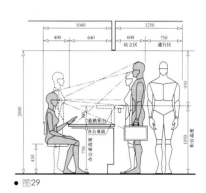
● 图29

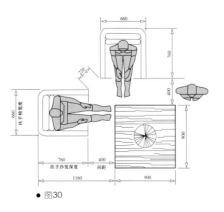
● 图30

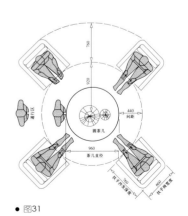
● 图31

四、会议室

1. 图32、图33、图34：四人小型会议的桌椅的布置。
2. 图35：八人方形会议桌的室内布置。
3. 图36：五人圆形会议桌的室内布置。
4. 图37："U"形会议桌的室内布置。
5. 图38：视听会议桌的室内布置。

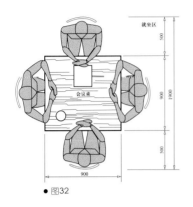
● 图32

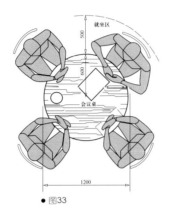
● 图33

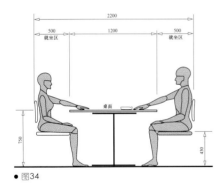
● 图34

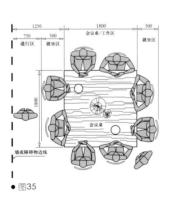
● 图35

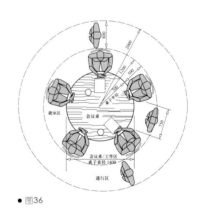
● 图36

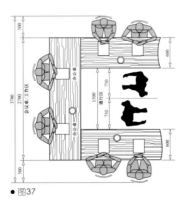
● 图37

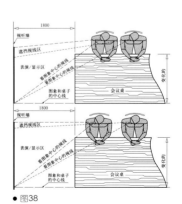
● 图38

办公家具与人体工程学
Office Furniture and Human Engineering

■ 文/曾坚 校/方海

一、人体工程学

家具设计要冲破旧工艺、旧传统的羁绊，走向现代化，就必须依靠现代科学技术，并求助于人体工程学（HUMAN ENGINEERING），办公家具尤其是这样。人体工程学是在二次大战以后出现的一门新兴的学科。当时美国发现在二次大战中，一些战斗机失事，并不都是被对方击落的，其中一部分是由于座椅不适合使驾机者疲劳、各种操作杆位置不对，用不出力、眼睛不易看到仪表、眼睛疲劳等等。可见这些现象和问题已濒临不能不研究的时候了。因为它不仅影响使用、影响效率、影响使用者的健康，甚至还会危及人的生命。于是一门新兴的学科——人体工程学诞生了，它专门研究人体生理与外界物品的关系。所谓外界物品，包括建筑、室内、家具、机器、仪表、工具、把手等等与人体相关联的物品，人体工程学将使前者适应人的手脚能力、视觉、听觉、嗅觉、触觉等等。

二、两类家具

家具大致可以分为两类：一类是密切贴近人体的家具，如椅子、沙发、床等，衡量这类家具的功能的主要标准是舒适；另一类是非贴近人体的家具，如桌子、柜子和架子等，衡量这类家具的功能的主要标准是适用。

三、办公家具

（一）非贴近人体的家具

非贴近人体的家具与人体工程学的关系，较多的是高度的关系。

1、桌子的高度（含几类家具）
（1）立时用桌的各种尺寸（图1）*
（2）坐时用桌的各种尺寸（图2）*
（3）几类各种尺寸（图3）*

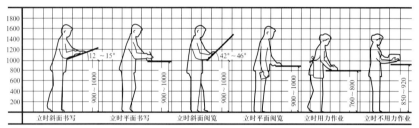

● 图1

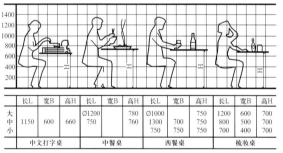

● 图2

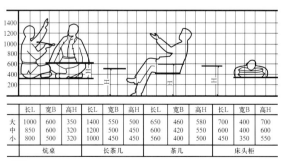

● 图3

*注：图1、2、3均摘自《建筑设计资料集I》。

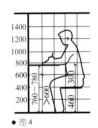
● 图 4

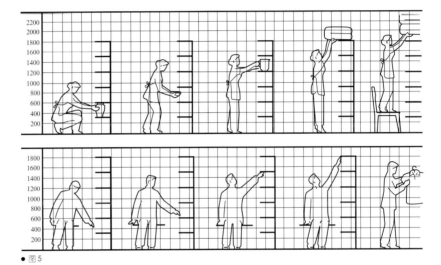
● 图 5

2、办公桌类家具的高度
(1) 办公桌(图4)*
(2) 会议桌(高度同办公桌)
3、办公柜架类家具的高度(图5)*

(二)、密切贴近人体的家具

密切贴近人体的家具与人体工程学的关系,较大的是椅子类和沙发类坐具,其他如床类关系相对较小,不作详细叙述。

1、椅类家具的一般尺度(含靠背椅、扶手椅、沙发及躺椅)(图6)*

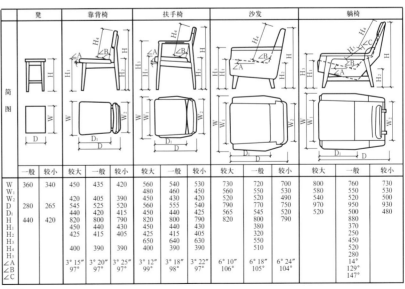

简图	凳		靠背椅			扶手椅			沙发			躺椅		
	一般	较小	较大	一般	较小	较大	一般	较小	较大	一般	较小	较大	一般	较小
W	360	340	450	435	420	560	540	530	730	720	700	800	760	730
W_1							480	460	450	760	550	530	580	550	530
W_2							420	405	390	450	430	420	520	520	500
D	280	265	545	525	515	560	555	515	790	770	750	970	950	930
D_1							440	420	415	450	440	425	565	545	520
H	440	420	820	800	790	800	800	790	820	800	790	880		480
H_1			450	440	430	450	440	430		380		370		
H_2			425	415	405	425	415	405		320		250		
H_3							650	640	630		550		450		
H_4											510		520		
H_5			400	390	390	400	390	390				280		
∠A			3°15″	3°20″	3°25″	3°12″	3°18″	3°22″	6°10″	6°18″	6°24″	14°		
∠B			97°	97°	97°	99°	98°	97°	106°	105°	104°	129°		
∠C												147°		

● 图 6

*注:图4、5、6均摘自《建筑设计资料集1》。

2、办公椅类(含办公扶手椅)的主要尺度(图7)*

(1)座高

办公椅的座高是根据人体测量数据中膝盖内侧(膝膕)离地高度定的,绝大多数男人是485mm,绝大多数女人是445mm。座高过高,大腿下部受压,血脉不流畅,脚不能舒服着地,久坐腿部发麻(图8)。座高太低,起立不便,使就坐者身体前倾,失去背部支靠(图9)。适中的高度,以不依靠扶手能自由起立为宜,同时也考虑约比办公桌面低330~430mm。标准座高为440mm,扶手办公椅的座高为430mm。

(2)座深

办公椅的座深是根据人体测量数据中臀部至膝膕的长度而定的。绝大多数男人是554mm,绝大多数女人是536mm。座深过深,靠背不到椅背,造成椅面紧压膝膕,血脉不流畅(图10),座深过浅,大腿受支持不够,造成前倾感觉(图11)。标准座深以420mm为宜,扶手办公椅为435mm。

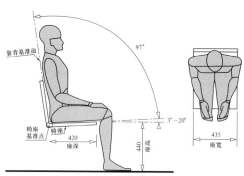

● 图7(1)

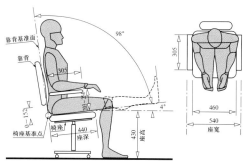

● 图7(2)

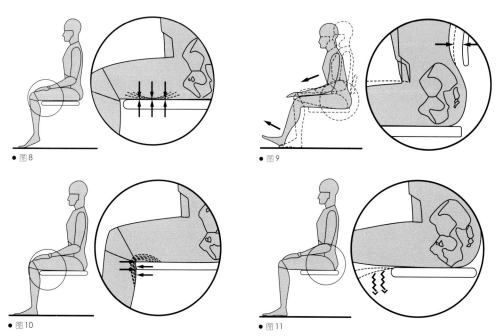

● 图8　　● 图9

● 图10　　● 图11

*注:资料来源不一,有些数据并不统一。使用这些数据的设计人员应根据实际需要,决定尺寸数据。

(3)座斜

办公椅的座面不应是水平地按照力学的观点。人体躯干部分的重量压到椅面上,会产生两个分力(图12):一是向下,由椅腿承受重量;一是向前,如果椅面是水平的,那就受到这个分力的支配,身体在椅面上总向前滑动。为了抵消这个分力,椅面应向后倾斜3~4°,扶手办公椅为5°。

(4)夹角

办公椅的椅面与靠背之间的夹角,不是直角,而是大于90°,夹角多大,视椅子功能而定。工作椅角度小一些,越是休息性强,角度越大。办公椅中打字椅(餐椅亦同),因靠近桌子工作(同餐桌),亦不经常靠椅背,无需角度很大,97°即可,一般办公椅和扶手办公椅98°。

(5)背高

过去有一误解,以为靠背越高越舒服,其实不然,椅背高到一定程度,就坐者的头部根本无法靠上椅背。从生理角度看,为便于手、肩活动,办公椅背高度在肩胛骨以下即可(离座面390mm上下)。工作性较强的椅子,如打字椅等可以靠腰为主(离座面250mm上下)。因为靠腰的椅子,能使就坐者挺直身子,双手又能自由活动,有利于工作。市场上有些餐桌椅背很高,仅是为了形式的需要,与舒适无关。

(6)扶手高

扶手办公椅的扶手高度是根据人体测量数据中肘部离椅面高度而定的。扶手过高耸肩,过低又造成肘部搁不到扶手。标准的扶手高度硬面座椅为220mm。

(7)椅宽

办公椅的椅宽是根据人体测量数据中人的臀部宽度而定。一般办公椅宽应不小于450mm,扶手椅扶手间宽至少为510mm。连排椅的每个椅子宽度,不小于一般人的肩宽,应为530mm。(见表1)

表1

	座高(mm)	座深(mm)	座斜	夹角	背腰高(mm)	扶手高(mm)	椅宽(mm)
椅子	440	420	3~4°	97°	背高390/腰高250		450
扶手椅	430	450	5°	98°	背高390/腰高250	220	扶手间510
连排椅	430	450	4°	97°	背高390/腰高250	220	530中~中

(8)办公椅的剖面曲线

根据人体工程学的原理,椅子就坐者不仅应靠背,还应靠腰。对工作性较强的椅子(如打字椅),靠腰比靠背更加重要,因而有些打字椅仅靠腰(图13)。人们在工作期间,如腰部背后受到支持,可使身体上部挺直,不易疲劳。反之,如无腰部支持,仅是靠背,就坐者腰部搁空,没有支持,腰部韧带一直处于紧张状态,坐久了会感到腰部疲劳。现在有些椅子在靠背的曲线上增加了垫腰措施,解决了这个问题(图14),例如办公椅和扶手办公椅,背板弯成"S"形,其突出部分是垫腰部位,其下部向后凹进,是为了容纳就坐者的臀部。

※以上提到椅子的尺度,特别是高度,是指硬面椅座面、背面,软面椅,软面扶手椅,尺度应予以调整。

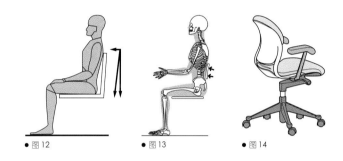

● 图12　　● 图13　　● 图14

3、沙发

沙发虽不是主要办公家具但在现代化办公室中会客、小型会议室活动中是不可或缺的办公家具。

沙发类家具的主要尺度分析:

(1)座高

沙发与椅子虽都属坐具,但功能不一样,所以座高不同。椅子随桌子而坐,座高与桌子类关系较大,且往往用于工作、用餐;沙发往往用于休息、谈话,与桌子关系不大,座高要比椅子低,标准坐高为380mm,座高过高,失去休息意义,座高过低,就坐者,尤其是老年人难以起立(图15)。

(2)座深

也是由于沙发的休息程度高,座深要比椅子深一些,以使人们就坐时大腿受到更多的支持。标准座深为520mm。如座深过深,臀部坐不到座面后部,使背部靠不着靠背(图16),座深太浅,由于大腿受压面不够而休息不好。

(3)座斜

沙发一般为软包座面,下面为海绵、弹簧。人们就坐后座面由于受力不等,自然形成斜面,但为了保证座面斜度,应使座面的前后高相差60mm,使座面向后倾斜约6°18′左右。

(4)夹角

为了保持就坐者有一个舒适的姿势,沙发的座面与靠背之间要有一个角度,这个角度(夹角),应为105°,这个夹角保证就坐者舒适、同时头部垂直,视线保持水平(图17)。如夹角过小,就坐者有压迫肚子的感觉;夹角过大,例如到115°左右(图18),就坐者的头部的重心就有可能后移,不能保持头部垂直,在这样情况下,沙发上必须有托住颈部的措施,使就坐者舒适,避免头部后仰。靠颈措施的部位,在离座面后侧高630mm处,但如依靠背斜度延伸630mm处,靠不到就坐者的颈部,靠颈措施必须沿靠背斜度630mm处向前折一角度才能托住颈部;夹角达120°以上称躺椅,更需有靠颈还要搁腿措施(图19)。

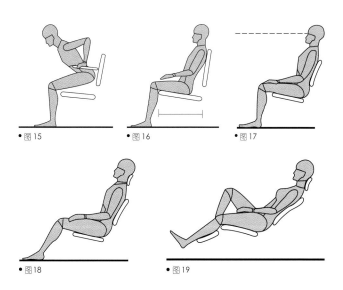

● 图15　　　　● 图16　　　　● 图17

● 图18　　　　● 图19

(5)背高

沙发的背高,从人体工程学的角度,靠背高可达肩高左右即可。合适的背高尺寸为(离座面后侧)450°,形式上需要背高则是另一回事。

(6)靠腰高度

沙发靠背下部在就坐者的腰部部位,应有一垫腰措施,垫腰的高度应是离座面后侧沿靠背斜面上230～240mm,如(详后)。

(7)扶手高度

扶手高度与椅子相似,从座面后侧向上高230～250mm。

(8)座宽

单人沙发扶手间净宽至少520mm,但不能超过590mm;多人沙发,扶手间按每人520～550mm计算;无扶手组合拼接沙发亦按每人宽520～550mm计算。(见表2)

(9)沙发尺度的说明

以上沙发的建议尺寸,是根据某一特定沙发的尺寸列出的,不能作为设计各种沙发的普遍依据。沙发有三个特点,使它与其他类别的家具在尺度标识上不相同。

①沙发有角度、斜度的一些标识以致造成多种尺度标识之间,互相影响,变化较多,不像有些横平竖直的家具那样单纯。

②沙发一般由弹性材料软包,弹性材料软硬不一,使尺度难以掌握。

③沙发设计除功能外,外形也是设计的重要因素之一,且有些沙发由于造型的需要往往有空间曲线,亦是难以掌握尺度因素之一。

④所以一个创新的沙发,如果有一定的批量,应当先做足尺模型、试看、试测(结构强度)和试坐(舒适程度)取得数据后再作批量生产。

(10)沙发的舒适度

沙发是否舒适,不能凭坐上去一时的感觉是否舒适来衡量,而是要看时间长了是否舒适。一般情况有些沙发坐一时感到舒适,而坐久了反而感到疲劳。造成沙发设计不舒服的原因如下:

①沙发的尺度

沙发设计的尺度(如高度、深度、宽度和角度)是否符合人体,这方面已在前面作了叙述,不再重复。

②沙发设计有时框住就坐者的姿势,也是造成久坐容易疲劳的原因。人们坐沙发,坐久了疲劳时,自觉地、下意识地变换姿势,使肌肉改变受压面,解除局部疲劳。但是有种沙发设计得太过"周到",把人就坐姿势框住、固定,使就坐者难以改变姿势,(例如沙发座面左右弯起,又如座面前后斜度过大等)都是造成久坐疲劳的原因。

③沙发使用弹性材料软硬度不合适。材料过硬,人们坐下时,人体与座面接触面积小,人体重量只为很小座面面积承载,局部受压大,造成不舒服;相反材料过软,坐下时下沉过大,就改变了沙发的斜度与夹角,也就是说,座面斜度增大,座面与靠背间的夹角相对改小,也同样造成不舒服。

④沙发的垫腰未受到注意。人们坐在沙发上的自然状态时脊椎呈"S"形曲线(图20),如果就坐者坐在一个通常(没有垫腰措施)的沙发上时(图21),背部靠上沙发靠背,就坐者的腰部搁空,为了维持

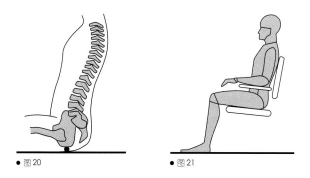

● 图20　　　　● 图21

腰椎的反弓形的形状，韧带和肌肉长时间用力，使就坐者腰部疲劳，这也是造成久坐不舒适的原因之一。

四、办公家具应用人体工程学的实例二则

(一)办公椅尺度

芬兰设计大师库卡波罗是最早以人体工程学的观点研究家具(包括办公家具)的研究人之一。他做了许多模拟实验，得出了办公椅的尺度。下列的几幅各类椅子的尺度(图左侧和下侧的标尺以100mm为一格)。图22至图27，依次为儿童的座椅、高位座椅、普通办公椅、椅背向后倾仰的办公椅、休闲型办公椅及休闲型排椅。图28为办公桌椅与建筑(包括顶灯、隔断等)的尺度关系。

(二)单元组合型办公桌

库卡波罗设计的一种单元组合办公桌。这种办公桌，可用于普通办公空间，也适用于开敞式办公空间。图29至图32就是单元组合型办公桌组合成各种办公空间。图中办公桌有101及102两种，这类办公桌改变过去办公桌有不少抽屉、柜子等储存空间的做法，办公桌仅是台面，下面是金属支架，承受台面的重量，所有需要储存文件纸张等另有储存柜103及104两种，储存柜有抽屉及柜子。图中列举的仅是几种例子。和各种高矮的隔断配合，还可拼接更多的办公空间。

沙发建议尺寸　　　　　　　　　　　　　　　　　　　　　　　　　　　表2

	座宽(mm)	座高(mm)	座深(mm)	座斜	夹角	背高(离座面)(mm)	腰高(离座面)(mm)	颈高(离座面)(mm)	扶手高(离座面)(mm)
单人沙发	550	380~400	520~540	6°18′	105°~107°	450	250	630	230~250

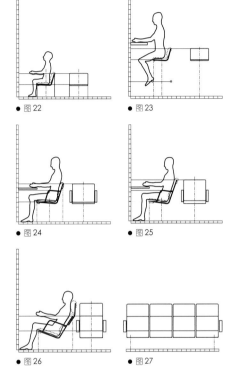

● 图22　● 图23
● 图24　● 图25
● 图26　● 图27

● 图28　● 图29

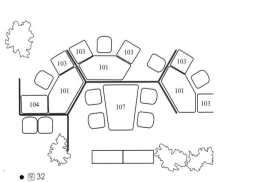

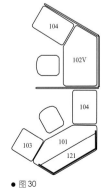

● 图31　● 图32　● 图30

通讯录
Addresses

品牌排序说明：品牌依照英文字母排序，以品牌LOGO左上起第一个英文字母为准，如遇中文，以中文拼音第一个字母为准。

A

1. ALLBEST 十美
公司名称：上海十美有限公司
地址：上海市嘉定区嘉戬公路立新路25号
邮编：201818
电话：021-59515967/59515974
传真：021-59515139
服务热线：021-59515967
网址：www.allbestchairs.com
E-mail:allbest@allbestchairs.com

2. Ares 艾锐
公司名称：上海艾锐斯办公家具有限公司
地址：上海市普陀区曹杨路147号
邮编：200063
电话：021-52352366
传真：021-52352500
网址：www.aresoffice.com
E-mail:webmaster@aresoffice.com.cn

3. AURORA 震旦
公司名称：上海震旦家具有限公司
地址：上海市嘉定区申震路369号
邮编：201818
电话：021-59161010
传真：021-59165444
服务热线：800-820-6668
网址：www.aurora.com.cn
E-mail:henry@aurora.com.cn

4. AVARTE RISON 阿旺特
公司名称：阿旺特家具制造有限公司
地址：上海市松江区九亭镇盛龙路865弄6号
邮编：201615
电话：021-67691488
传真：021-67691407
网址：www.AVARTE-RISON.com
E-mail:contact@avarte-rison.com

F

5. FEELING 飞灵
公司名称：上海市飞灵家具制造有限公司
地址：上海市长宁区北祥路58号
邮编：200335
电话：021-52174082
传真：021-52173179
网址：www.feelingfur.com.cn
E-mail:feelof@sh163.net

H

6. 3h 美欣
公司名称：上海美欣办公家具有限公司
地址：上海市延平路三和大厦7D座
邮编：200042
电话：021-62460007
传真：021-62460035
网址：www.3h-meixin.com
E-mail:webmaster@3h-meixin.com

7. Herman Miller 赫曼米勒
公司名称：Herman Miller 中国代表处
地址：北京市建国门外大街1号国贸大厦2座26层
邮编：100004
电话：010-65057118
传真：010-65057116
网址：www.hermanmiller.com/asia
E-mail:info_china@hermanmiller.com

K

8. KC 国靖
公司名称：国靖办公家具（番禺）有限公司
地址：广东省广州市番禺区钟村镇钟一工业区
邮编：511495
电话：020-84776005
传真：020-84776137/84778967
网址：www.kuoching.com
E-mail:kuoching@pub.guangzhou.gd.cn

9. KOKUYO 国誉
公司名称：国誉贸易（上海）有限公司
地址：上海市淮海中路300号香港新世界大厦1805室
邮编：200021
电话：021-63353001
传真：021-63353007
网址：www.kokuyo.cn

L

10. LINKNOLL 凌诺
公司名称：上海凌诺家具有限公司（代理商）
地址：上海市澳门路351号3F
邮编：200060
电话：021-52640200/52640222
传真：021-62463113/62463117
网址：www.linknoll.com.cn
E-mail:sales@linknoll.com.cn

11. LOGIC 华润励致
公司名称：华润励致洋行家私（珠海）有限公司
地址：广东省珠海市金鼎镇金洲路金鼎工业开发区
邮编：519085
电话：0756-3382738
传真：0756-3380464
网址：www.crclogic.com
E-mail:sales@zh.crclogic.com

M

12. MATSU 铭立
公司名称：铭立（中国）有限公司
地址：上海市闵行经济技术开发区南沙路8号
邮编：200245
电话：021-62780216
传真：021-62780217
网址：www.matsu.cn
E-mail:shanghai@matsu.cn

N

13. NUMEN 春光名美
公司名称：春光名美家具制造有限公司
地址：浙江省杭州市萧山经济技术开发区桥南区春潮路7号
邮编：311215
电话：0571-22811888
传真：0571-22817833
网址：www.mingmei.com
E-mail:chunguang@mingmei.com

O

14. Okamura 冈村
公司名称：上海冈村家具物流设备有限公司
地址：上海市南京西路1266号恒隆广场1908~1909室
邮编：200040
电话：021-62881139
传真：021-62881537
网址：www.okamura.cn
E-mail:okamurasha@uninet.com.cn

P

15. Paustian 博森
公司名称：Paustian丹麦家具有限公司
地址：上海市东方路3601号E幢5楼
邮编：200125
电话：021-68640373/68640343
传真：021-50940216
网址：www.paustian.com.cn
E-mail:paustian@paustian.com.cn

Q

16. quinette greatwall 奇耐特长城
公司名称：北京奇耐特长城座椅有限公司
地址：北京市大兴区104国道瀛海段22号
邮编：100076
电话：010-69275356
传真：010-69274944
网址：www.quinettegw.com
E-mail:lijianlin@quinettegw.com

S

17. SAOSWN 兆生
公司名称：兆生家具有限公司
地址：广东省东莞市厚街双岗家具大道
邮编：523950
电话：0769-85921466/85921066/85831896
传真：0769-85915436
服务热线：0769-85911883
网址：www.china-saoswn.com
E-mail:saoswn@163.com

18. SHING FENG 诚丰
公司名称：诚丰家具(中国)有限公司
地址：福建省福清市融侨经济技术开发区福玉路
邮编：350301
电话：0591-85388118/85380255
传真：0591-85380606
E-mail:China@chengfeng.com

19. SUNCUE 三久
公司名称：上海三久机械有限公司
地址：上海市闵行区华翔路3039号
邮编：201107
电话：021-62211839
传真：021-62211848
网址：www.suncue.com.cn
E-mail:ad50160799@online.sh.cn

20. SUNON 圣奥
公司名称：浙江圣奥家具制造有限公司
地址：浙江省杭州市萧山经济技术开发区宁东路35号
邮编：311200
电话：021-62121064
传真：021-62122947
网址：www.sunon-china.com.cn
E-mail:sunonenjoy@vip.sina.com

U

21. UB 优比
公司名称：优比(中国)有限公司
地址：江苏省昆山市周市镇青阳北路56号
邮编：215314
电话：800-820-1719
传真：021-54109806
网址：www.ubos.com.tw
E-mail:marketing@ubos.cn

22. USM 境尚
公司名称：上海境尚贸易有限公司
地址：上海市长乐路801号华尔登广场402室
邮编：200031
电话：021-54043633/54047457
传真：021-54048974
网址：www.usm.com
E-mail:info@asia-view.com

V

23. VALUABLF 韦卓
公司名称：上海韦卓办公家具有限公司
地址：上海市闵行区梅富路58号
邮编：201100
电话：021-54385856
传真：021-54384300
服务热线：021-54373723
网址：www.sh-valuable.com
E-mail:wzof@vip.sina.com

24. VICTORY 百利文仪
公司名称：百利文仪集团(中国)有限公司
地址：香港九龙长沙湾荔枝角道781号宏昌工厂大厦829A-B室
电话：00852-23850895
传真：00852-23602895
网址：www.victory-cn.com
E-mail:victory@victory-cn.com

Y

25. YOUR GOOD 优格
公司名称：上海优格装潢有限公司
地址：上海市嘉定区浏翔公路3365号
邮编：201818
电话：021-59513669
传真：021-59513269
网址：www.yourgood.com
E-mail:sinky@yourgood.com

华 标 建 材 资 讯 体 系
www.cnstandard.com.cn

品牌材料厂商 建筑设计师

《中国室内建筑师品牌材料手册》

《中国室内建筑师品牌材料技术光盘》

设计材料网络数据库

搭建建筑设计师与材料厂商的沟通桥梁

——《中国室内建筑师品牌材料手册》
编委会按照设计师的需求对建材行业进行大致分类,再对同类建材产品的品牌进行筛选和评定,将选出的主流品牌刊登在相应的分册上。编委会深入对每个分册内的品牌材料信息进行分类整理,统一信息标准和视觉标准,建立标准化的查询体系。

——《中国室内建筑师品牌材料技术光盘》
功能强大的电子检索手段,使用多重条件组合查询,更精确、更迅速、更实用。提供所有具体产品的高精度照片和标准CAD格式的图纸,供设计师直接下载用于标书制作和设计图纸中。提供施工节点图、施工指导以及设计实例,供设计师参考。

——设计材料网络数据库
将海量无序的建筑设计材料信息整合成为一个规范、有序的数据资源,建立建筑材料信息库。信息量大,内容权威,检索方便,具有多种逻辑检索和智能化知识挖掘技术,能方便快捷地检索产品信息。

《中国室内建筑师品牌材料手册》
www.cnstandard.com.cn

三年七本《手册》　　信息创造价值

已经出版和计划出版的《手册》

北京华标盛世信息咨询有限公司